北京市海淀区中关村第三小学科技教育校本教材

宇宙奥秘（上册）

北京市海淀区中关村第三小学宇宙奥秘编写组　编

北京理工大学出版社
BEIJING INSTITUTE OF TECHNOLOGY PRESS

图书在版编目（CIP）数据

宇宙奥秘：全 2 册／北京市海淀区中关村第三小学《宇宙奥秘》编写组编. —北京：北京理工大学出版社，2011.8
ISBN 978 - 7 - 5640 - 4892 - 1

Ⅰ．①宇…　Ⅱ．①北…　Ⅲ．①宇宙－少年读物　Ⅳ．①P159 - 49

中国版本图书馆 CIP 数据核字（2011）第 155147 号

出版发行／北京理工大学出版社
社　　址／北京市海淀区中关村南大街 5 号
邮　　编／100081
电　　话／（010）68914775（办公室）　68944990（批销中心）　68911084（读者服务部）
网　　址／http：// www. bitpress. com. cn
经　　销／全国各地新华书店
印　　刷／北京市凯鑫彩色印刷有限公司
开　　本／787 毫米 × 1092 毫米　1/16
印　　张／14.25
字　　数／285 千字
版　　次／2011 年 8 月第 1 版　　2011 年 8 月第 1 次印刷　　　　责任编辑／申玉琴
印　　数／1～1100 册　　　　　　　　　　　　　　　　　　　　　责任校对／周瑞红
总 定 价／70.00 元（上、下册）　　　　　　　　　　　　　　　　责任印制／边心超

序

一个民族有一些关注天空的人，他们才有希望。希望同学们经常地仰望天空，学会做人，学会思考，学会知识和技能，做一个关心国家命运的人。

中关村三小的孩子们，让我们跟随《宇宙奥秘》探寻宇宙的真谛，成为关注天空的人。

高雷东

银河系有多大？

太阳为什么会发光？

地球是正圆的吗？

月亮为什么有圆缺？

地球之外有生命吗？

这些令人神往的问题，你一定感兴趣吧？

《宇宙奥秘》将带你进入天文学科，为你揭开谜底。

世界上唯有两件东西能够深深震撼我的心灵：一件是我们心中崇高的道德准则；另一件则是我们头顶上的灿烂星空。

——康德

 知识链接 0.0.1

天文与气象

天文，《辞海》中的解释为："天文是有关日、月、星等天体现象的通称。有些人把风、云、雨、露、霜、雪等都叫做天文现象，但风、云等现象发生在地球大气圈内，属气象学研究的范围。天文学只以日、月、星等天体为研究对象。"

天文学是研究天文的学科，其研究对象是天体。发现天体的存在，测量天体的位置，研究天体的结构，探索天体的运动和演化规律，引导人们对宇宙物质世界的认识达到更深更广的境界，是它的任务。

气象，用通俗的话来说，它是指发生在天空中的风、云、雨、雪、霜、露、虹、晕、闪电、打雷等一切大气的物理现象。天气，是指影响人类活动的瞬间气象特点的综合状况。例如，我们可以说"今天天气很好，风和日丽，晴空万里；昨天天气很差，风雨交加"等，而不能把这种天气说成是气象。气候，是指整个地球或其中某一个地区一年或一段时期的气象状况的多年特点。例如，昆明四季如春；长江流域的大部分地区春秋温和，盛夏炎热，冬季寒冷，我们就称这里是"四季分明的温带气候"；每年的 7 月下旬和 8 月上旬是北京的雨季。

目　　录

仰望星空，繁星点点，悠悠银河，一闪而过的流星，绚丽的行星，闪闪眨眼的恒星，在召唤我们去认识、去探索。

走入星空，让我们从肉眼观测星空开始。

第1章 仰望星空 识别方向

第一节 北斗七星指方向

夜晚，当你抬头仰望北方的天空时，在群星中，有七颗明亮的星组成了一个形状像舀水的勺子一样的星座。这七颗亮星和其附近的暗

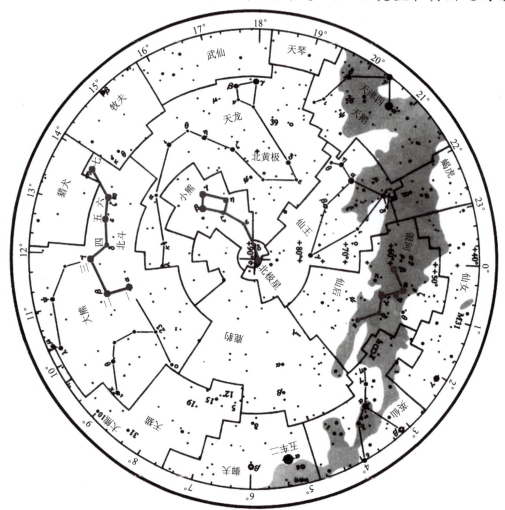

星图中的大熊座、仙后座与小熊座

星组成的星座，就是有名的大熊星座，七颗亮星也叫北斗七星。与北斗七星遥遥相对的是仙后星座，它由五颗亮星组成 W 形。大熊星座和仙后星座隔着北极星遥遥相望，为我们寻找北极星提供了最好的参照物。

北斗七星勺子部分四颗星的中文名称分别为天枢、天璇、天玑、天权，斗柄三颗星分别叫玉衡、开阳和摇光。其中天枢星和天璇星特别明亮。它们分别对应的西文名称为大熊星座 α、β、γ、δ、ε、ζ、η。

大熊座与小熊座

夜空中的北斗星与北极星

我们将天璇星和天枢星连线，在天璇星向天枢星方向的延长线上，离天枢星的距离约等于天璇星、天枢星距离的五倍位置，可以看到一颗略暗的星，这就是小熊星座的 α 星，中文名称叫做勾陈一。由于它的位置离北天极最近，所以获得了北极星的美称。

隔着北极星与北斗七星大致等距天区遥遥相对的是仙后星座。仙后座的五颗亮星呈 W 或 M 形排列。在秋季的夜空中很容易辨认。我们分别把 ε、δ 的连线和 β、α 的连线反向延长，它们会交于一个点。连接这个点和 γ 星并延伸大约 5 倍远的距离，能看到一颗 2 等亮星，这就

是北极星。找到了北极星，也就是找到了北方，那么其他方向怎么才能确定呢？请大家记住"面北背南，左西右东"八个字。

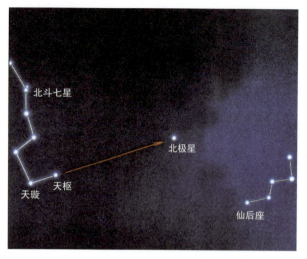

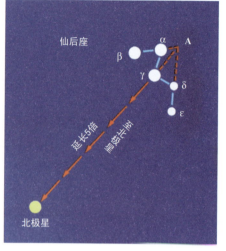

夜空中的北极星、北斗星和仙后座的 W 星

仙后座与北极星

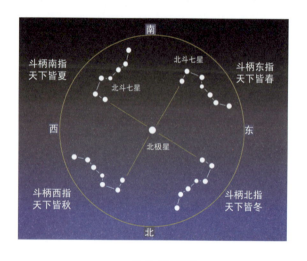

北斗与四季

斗柄东指，天下皆春。
斗柄南指，天下皆夏。
斗柄西指，天下皆秋。
斗柄北指，天下皆冬。

这是我们祖先总结观天历史而写下的寒来暑往、斗转星移、四季星空变化的诗篇。

也就是说，每年公历三月底晚上八九点钟时，北斗星的斗柄所指的方向是东方；六月底晚上八九点钟时，斗柄所指的方向是南方；九月底晚上八九点钟时，斗柄所指的方向是西方；十二月底晚上八九点钟时，斗柄所指的方向是北方。这样我们根据不同的季节也就很容易找出方向了。

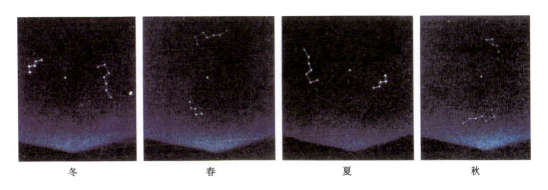

| 冬 | 春 | 夏 | 秋 |

四季星空中的北极星、北斗星和仙后座的 W 星

知识链接 1.1.1

为什么北极星始终出现在北方?

夜晚，我们看天空中的星星都是东升西落的，只有小熊座的北极星（小熊座α星）始终是正北方。这是因为北极星的位置正好在地球自转轴的延长线上，因此无论地球如何自转，它相对地球的位置都是不动的。

知识链接 1.1.2

20 000 年间北极星在恒星间的移动

据我国历史记载，4 600 年以前，地球的北天极在天龙座附近，天龙座α星是当时地球的北极星。现在，地球的北天极已移动到小熊星座α星附近了。据天文精密观测，目前北天极与小熊座α之间的距离正在逐渐变小，到公元 2100 年，它们的距离将缩小到仅剩 28′。此后，

北天极就将逐渐远离勾陈一。到公元 3500 年时，仙王座 γ 星将获得"北极星"的桂冠。到公元 6000 年时，北天极将在仙王星座 β 和 ι 之间穿过；到公元 7500 年，仙王座 α 将成为那时的"北极星"。到公元 13600 年时，我们熟悉的织女星将成为地球的"北极星"了。

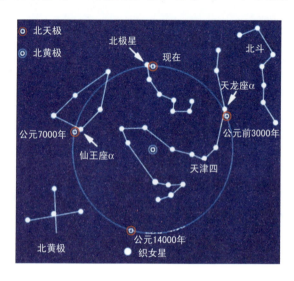

20 000 年间天球北极在恒星间的移动

 实验室 1.1.1

1. 用指星笔找出北斗七星和北极星。

2. 用指星笔找出（除北斗七星）其他可以辨别方向的星座。

 探索与思考 1.1.1

1. 北斗七星由_____、_____、_____、_____、_____、_____、_____组成。

2. 找到了北极星确认了北，那么东、西、南三个方向怎么确认呢？

3. 与大熊星座隔北极星相望的是哪个星座？依靠这个星座可以找到北极星吗？怎样寻找？

第二节　根据太阳辨方向

白天根据太阳来辨别方向是我们生活中最常用的方法。

清晨：日出东方。

黄昏：日落西山。

中午：太阳当空，在正南方。

我们还可以借助指南针、手表，根据太阳找出方向来。

 实验室 1.2.1

利用手表辨方向

将手表平放，时针指向太阳，将时针与"12"间的夹角平分，那么夹角的平分线所指的方向就是"南"。

实验室 1.2.2

测定真南北向

甲 组

一、试验目的
利用太阳确定真南北方向。

二、试验准备
门型设施（单杆、双杆……）、铅垂、细线、秒表、铅笔、直尺。

三、试验程序

1. 三人协同利用操场上的门型设施，在横杆上挂一吊有铅垂的细线，铅垂离地面 50 毫米，保持铅垂静止。

2. 利用计算机查询当天太阳中天时刻。

3. 根据太阳中天时间，试验进入 5 分钟倒计时，1 人持表报时，另 2 人各持铅笔准备为细线投射在地面上影子的两端定位。

4. 当距太阳中天时间还有 10 秒钟时，持表者开始读秒，10，9，8，7，…，0，当 0 秒报出时持笔者在线影的两端留作记号。

5. 线影上端（A）的方向是真北，铅垂端（B）的方向是真南，连接 A、B 两点的直线，这条直线所标示的方向就是真南北向。

6. 利用已知的真南、真北方向找出真东、真西方向。

乙 组

一、试验目的
利用指南针确定磁南北方向。

二、试验准备
指南针、细线、铅笔、直尺、量角器。

三、试验程序

1. 三人协同将指南针放在甲组画好的南北线上并使指南针托盘的南北标记与真南北线重合。

2. 观察磁针所指的方向。

3. 待磁针不动时，两人各牵住线的一端拉紧并缓缓下落，至与磁针两尖端重合。用笔在线的两端留点作记号 C、D。

4. 移开指南针，连接 C、D 两点画一条直线，这条直线标示的方向就是磁南北向。

5. AB、CD 两线相交点为 E，用量角器测出两线的夹角，该夹角就是磁偏角。

 实验室 1.2.3

测日影定真南北向

一、试验目的

利用立杆投影测定真南北向。

二、试验准备

1. A3 幅面白纸一张，用不同颜色的笔依次画出直径 10，14，18，

22 厘米的同心圆。

2. 直尺、圆规、彩笔、10 厘米长的细钢筋。

三、试验程序

选择一处空旷平坦的地方，将一张画有同心圆的 A3 纸水平地放置在地上，并固定好。将钢筋垂直地立在 A3 纸的圆心上。在上午 10 ~ 11 点做一次观测，当钢筋的影端与纸上某个圆圈相接时，将这个位置记下为 A 点。午后 1 ~ 2 点再做一次观测，当钢筋的影尖与标有 A 点的圆圈再做一次相接时，将这个点记为 B 点。然后，用直尺连接 A，B 两点，AB 线的方向就是真东西方向。由 B 指向 A 的方向为真西，由 A 指向 B 的方向为真东。

把 A，B 两点分别与圆心 O 连线，然后作 AOB 的平分线 OC，OC 线的方向就是真南北向。由 C 点到 O 点的方向为真南，由 O 点到 C 点的方向为真北。

用上述方法测定的是真南北方向，不是磁南北方向。

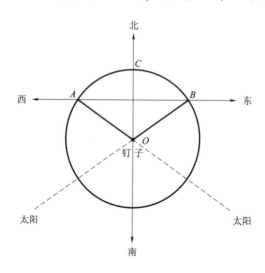

日影定南北

木棍日影定南北

木棍日影定南北

一、试验目的

找真北向。

二、实验准备

1 根细绳、4 根 300 毫米长木棍、不透明胶纸、一支铅笔或粉笔。

三、实验步骤

上午，把一根棍子牢牢地插入地中，使之产生影子（图中黄点线）。在胶纸上写上 W（代表西方），把它贴在另一根棍上（简称 W 棍），再把 W 棍插在第一根棍子影子末端的地里。

当太阳运动时，影子也会随之移动并缩短。过一段时间，待影子增长到与之前一条影子同样长时，把另一根贴有 E（代表东方）胶纸的棍子（简称 E 棍）插在影子末端的地里（图中红线）。这时 W 棍和

E 棍之间的连线就是真东西线。

那么真南北在哪里呢？在第四根棍子的一端套上一根绳子，绳子的长度要小于 W 棍和 E 棍之间的距离。绳子的另一端套在 E 棍上，绷紧绳子，在地上画个圆，然后再以 W 棍为圆心画个圆。两圆相交于两点。

站在 W 棍和 E 棍之间，使 W 棍位于你左手，E 棍位于你右手，把拴有绳子的那根棍子插入离你近的那个交点上，并且在棍子上写上 S（代表南方），把第一根棍子插入另一交点上，用绳子把这两根棍子连好。绳子的方向就是真南北向，也就是指向地球自转轴的南北极方向。

实验室 1.2.5

测定太阳上中天的时刻和高度

一、试验目的
利用立杆测影确定太阳上中天的时刻和高度。

二、试验准备
1 米长的立杆、卷尺、铅笔、记录纸、计时器。

三、试验程序

1. 选择一处空旷平坦的地方立杆，测量某一天不同时间的影子。当观测到立杆的影子最短的时刻，这时，便是你所在地方太阳上中天的时刻，叫做地方真太阳时的正午，是一天中太阳最高的时候。在网上查询当日太阳上中天时刻进行对照，是否一致，如有差异找出原因重新实验。

2. 测定太阳上中天时高度的方法如下：

（1）用卷尺分别量出立杆的长度和影长。

（2）用立杆长度除以影长。

（3）利用数学"反三角函数"表中的反正切一栏查出上述结果所对应的 θ 角，此角即是太阳上中天时的高度。

第三节　日　晷

物体被太阳光照射时，就会投射在地面上一个影子，影子随着时间的推移，沿着顺时针方向变换位置和长度。

日晷是人类最早创造的以太阳投影为观测对象的计时器具之一。它的产生和发展是历史前进的长河中人类对时间探索的结果，集中体现了古代先民的科学智慧。

据考古发现，仰韶文化遗址出土的太阳纹图案，是距今 5 000 多年以前的作品。它反映了原始社会时期，太阳也是人们观象授时的重要对象。这是人类时间认识史上具有重要意义的活动。"观象授时"是古代中国天文学的主要特征，是我们的祖先对时间认识的重要手段。

日晷的主要部件是晷针和刻有时刻线的晷面。日晷按晷面所置不同，可以分为赤道日晷、地平日晷。

赤道日晷是把一根铜制的指针装在一个石制圆盘（即晷面）的中心，指针垂直于晷面，晷面装在一个石台上，南高北低，使其平行于赤道面。这样指针的上端正指北天极，下端正指南天极。换句话说，这根指针和地球自转轴的方向是平行的。圆盘的上、下两面各刻有子、丑、寅、卯、辰、巳、午、未、申、酉、戌、亥十二个时辰，这些刻度是均匀划分的。太阳正午时，晷针的影子恰好落在正北方向上，也就是午时，即当地的真太阳时十二时整。每年春分以后看盘上面的影，秋分以后看盘下面的影。

赤道日晷（一）

赤道日晷（二）

赤道日晷（三）

赤道日晷（四）

地平日晷与赤道日晷的区别在于其晷面是水平放置，晷针不再垂直于晷面，而是呈倾斜状指向北天极，晷针与晷面之间的夹角，恰好是北极星的地平高度，也就是当地的地理纬度。同时，晷面上的刻度也是不均匀的。

地平日晷

简仪中的地平日晷

日晷晷面、晷针投影所显示的时间叫做真太阳时，日常生活中用的钟、手表显示的是平太阳时，也就是北京标准时。真太阳时与平太阳时（北京标准时）有一个时间差。

 实验室 1.3.1

用日晷测时

一、试验目的
了解日晷测时方法。

二、试验准备
组装式日晷、手表、笔、记录纸、GPS。

三、试验程序
1. 用 GPS 测出测时点的地理纬度。

2. 组装日晷。

3. 确定赤道日晷晷面与地面的夹角及地平日晷晷针与晷面的夹角。

4. 将日晷放置于无遮挡空旷平坦的地面上。

5. 在记录纸上记录下晷针投影时间，同时记录下手表显示的时间。寻找真太阳时与平太阳时之间时差。

探索与思考 1.3.1

1. 在网上输入"磁偏角"，了解磁偏角的含义。

2. 你所在地的磁偏角是多少？

3. 磁偏角标注中的"+""-"分别代表什么含义？

4. 请将网上查出的磁偏角与"实验室 1.2.2"所做的磁偏角相比较，是否一致？如不一致请找出原因。

5. 日晷的分类及各自的特点是什么？

6. 日晷是利用什么原理测时的？

绚丽多彩的星空，星星三五成群。于是人们把恒星划分成不同的区域，用线条连接区域中的亮星，组成美丽的图形，这就是星座。

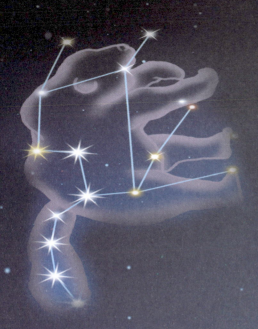

大熊座

双子座

小熊座

人马座

第2章 识星空 认星座

第一节 看星图 找星座

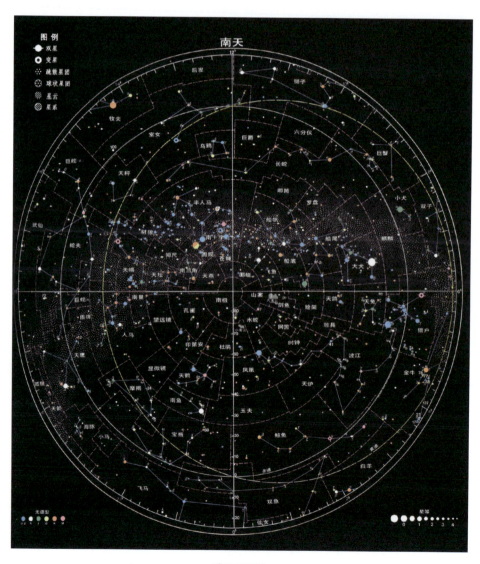

南天星图

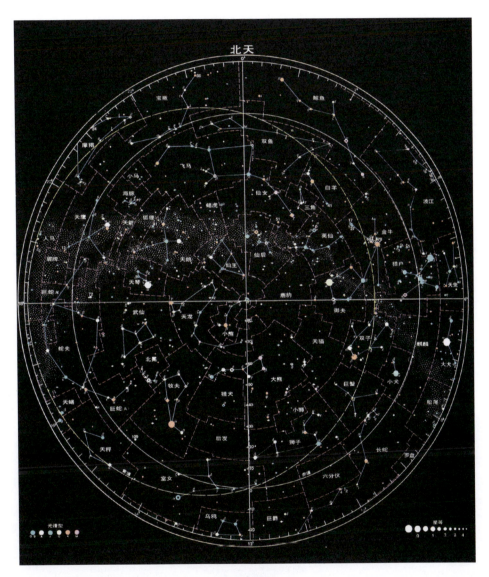

北天星图

夜幕降临，夜空中的繁星闪烁着诱人的晶莹之光，仿佛是一个缀满宝石的迷宫。人们把恒星划分成不同的区域，用线条连接区域中的亮星，组成美丽的图形，这就是星座。

1928 年，国际天文学会将全天区划分为 88 个星座。其中沿黄道天区有 12 个星座，因为太阳的周年视运动穿过它们，所以叫黄道十二宫。北天有 28 个，南天有 48 个。认识这些星座就需要学会看星图。

"旋转星座图"就是我们认识星空的工具。

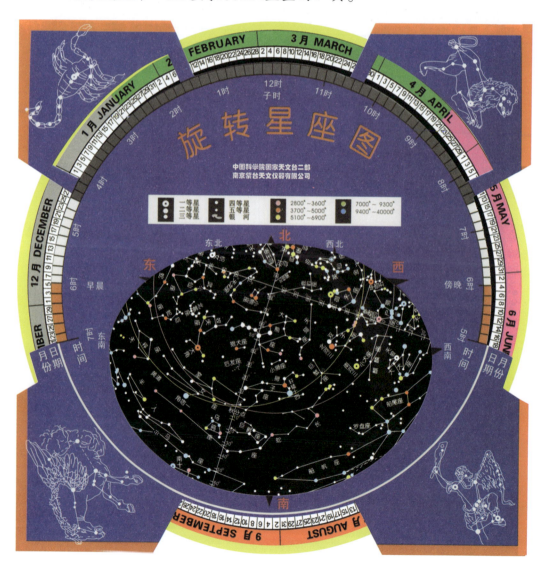

旋转星座图

旋转星座图是展示一年中任何时刻星座位置变化的指南，盘中圆形"天窗"（星盘）代表某一时空目视可见的星空，"封面"（地盘）从外向内依次表示月份、日期和时间。受太阳的影响，我们只有在夜幕降临时才能看见星星，所以星座图只选取了从傍晚5时至凌晨7时的时段。旋转星盘对应相应时间，"天窗"显示的就是当时的星空。

实验室 2.1.1

利用星图找星

一、试验目的
认识星图，学会怎样利用旋转星图找星。

二、试验准备
旋转星图、微光电筒、指星笔、手表、笔、记录纸。

三、试验程序
选择某月某日20时观测星空。

1. 在"星盘"上找到某月某日，转动"星盘"将日期对准"地盘"上的8时。

2. 把星座图举到头顶，图面向下，将星座图上的东南西北对准实际的东南西北四个方向。

3. 面向南方，将星座图倾斜使窗口的"南"朝下，这样我们就会找到室女座、蛇夫座、巨蛇座……

4. 面向北方，将星座图倾斜使窗口的"北"朝下，同样我们就会找到大熊座、小熊座、仙王座……

探索与思考 2.1.1

全天共有多少星座？星座是如何分布的？

第二节　斗转星移　四季星空

天旋地转，斗转星移，随着地球的公转和自转，我们看到的星空在不断地变化。每过 3 个月，同一个星座就会提前 6 小时出现，形成了星空季节性变化，所以不同季节晚上的同一时刻，星空中的星座有所不同。因此人们按季节把星空区分为四季星空。

春夏秋冬四季傍晚出现在南方天空中的著名星座

一　春季星空

春天的夜晚，和风徐徐，北斗七星高高地悬挂在北方天空，学认春天的星空，也就从它开始。黄昏时光，在北方可以看到七颗星组成一个像长把勺似的图形，虽然这几颗星本身并没有多亮，但因周围没有亮星，因而显得挺耀眼的，它们就是大熊座的标志，我国民间俗称"北斗七星"。它们的中文名称是天枢、天璇、天玑、天权、玉衡、开阳和摇光。其中前四颗星组成的图形像一个勺斗，因此被称为"斗魁"，后三颗星组成的图形像个勺把，称为"斗柄"。从斗柄上最后一颗星向东南看去，有一颗非常亮的橙红色的星，它就是牧夫α，中文名大角星。从大角星往南，一颗闪烁着蓝白色光的星，那是室女座中最亮的星——室女α，它是二十八宿的第一宿的第一星，中文名叫角宿一。沿着这条弧线再往南一点儿，可以见到由四颗星组成的一个梯形，这是乌鸦座。这段起始于北斗斗柄，终止于乌鸦座的大圆弧被称为春季大曲线。从大角星往西看，三颗亮星组成一个很小的直角三角形，它们是狮子座的后身，最东面的那颗星最亮，中文名叫五帝座一。它和大角星、角宿一组成一个挺大的等边三角形，即春季大三角，在狮子座的西边有一颗亮星是小犬座中最亮的星——南河三。在狮子的脚下有一大串暗星，这就是长蛇座，它是全天最大的星座，从西南一直蜿蜒到东南。在大角星的东北面由7颗星排成一个碗状，中间的一颗星发出夺目的光彩，这就是北冕座。

春季里亮星不多，大熊（座）和狮子（座）是主角，大角（星）是明星。此时参横北斗转，狮子怒吼，银河回家，双角东守。

探索与思考2.2.1

春季最具代表性的星座是_____、_____。春季大三角由_____、_____、_____组成。

春季星空对应观测时刻：
4月5日23时
4月20日22时
5月5日21时
5月20日20时

春季星空具有代表性的星座

大熊座　　狮子座

春季星空

狮子座

猎犬座

牧夫座

室女座

天秤座

春季星空具有代表性的星座

二 夏季星空

漫长的夏季，银河异常明亮，北斗七星位于西北方天空，斗柄指向南方，大角星虽然还依恋着春夜星空，但已移到了西方。白茫茫的银河像一袭轻纱从东北飘向西南。牛郎星（天鹰座α）和织女座（天琴座α）隔"河"相望，在织女星的东北有一个十字形的星座，那就是天鹅座，天鹅座中最亮的一颗星——天津四（天鹅座α）和牛郎星、织女星构成"夏季大三角"。织女星又被称作"夏夜女王"。

以夏季大三角为中心，向北可以找到仙王座、仙后座和小熊座；向南可以找到蛇夫座、巨蛇座、天蝎座和人马座；向西可以找到武仙座、北冕座；向东可以找到海豚座和飞马座。天蝎座的西方是天秤座，它是一个黄道星座。二三千年前，太阳走过这里时，正是昼夜平分的秋分前后。随着时间的推移，今天的秋分点已移到西面的室女座了。

夏季星空银河明亮浩瀚，天鹅挂琴鹰，天津牛女是明星，灿烂银河贯南北，天蝎人马在南空。

探索与思考2.2.2

夏季最具代表性的星座是_____、_____。夏季大三角由_____、_____、_____组成。被称作"夏夜女王"的是_____星。

夏季星空对应观测时刻：

7月5日23时

7月20日22时

8月5日21时

8月20日20时

夏季星空具有代表性的星座

天鹅座

天琴座

夏季星空

天蝎座

天鹰座

天琴座

天鹅座

夏季星空具有代表性的星座

三 秋季星空

　　和热闹喧嚣的夏夜星空相比，寂寥的秋夜星空不免给人一种怅然若失的感觉。夏夜星空的代表星座——天蝎座和银河一起向西倾斜，北斗七星横在地平线上，如果你住在长江流域以南，这时已很难见到它们了。不过，此时 W 形的仙后座从东北方升起，代替北斗七星，行使指极星的职责。秋夜星空的显著标志是飞马座四边形，更确切地说，应该叫"秋季四边形"，因为它是由飞马座三颗亮星和仙女座一颗亮星组成的，在仙女座的北面是仙后座，仙后座的东面是英仙座，西面是仙王座。秋季四边形的东南面的双鱼座和鲸鱼座。鲸鱼座是一个横跨天赤道的大星座，面积仅次于长蛇座、室女座和大熊座，居全天星座的第四位。鲸鱼座 o 最亮的时候和北极星差不多，而最暗时，肉眼是见不到的。鲸鱼座的西南是南鱼座，很暗，然而其中的北落师门却是秋季星空唯一的 1 等亮星。秋夜星空亮星很少，但用望远镜可以观赏到许多有趣的深空天体。

　　秋季是收获的季节，天高云淡，夜空星疏，银河斜挂述衷肠，飞马展翅四边形，天上王国深空探秘。

探索与思考2.2.3

　　秋季最具代表性的星座是_____、_____。秋季四边形由_____和_____组成。

秋季星空对应观测时刻：
10月5日23时
10月20日22时
11月5日21时
11月20日20时

秋季星空具有代表性的星座

飞马座

仙女座

秋季星空

仙女座

仙后座

飞马座

仙王座

秋季星空具有代表性的星座

四 冬季星空

寒冷的冬夜，繁星似锦，在亮星的辉映下，银河变得淡淡的。在银河西岸，一群绚丽夺目的亮星组成了猎户座，最显著的就是猎户腰带上并排的三颗星。猎户座的东面是猎户的两条爱犬——小犬座和大犬座。大犬座α就是大名鼎鼎的天狼星，它是全天最亮的恒星，它发出的青白色的光，就像黑夜中狼的眼睛。小犬座α中文名叫南河三，它和猎户座的参宿四以及天狼星形成一个倒过来的等边三角形，这就是"冬季大三角"。在猎户座的脚下是被猎犬吓得战战兢兢的天兔座。这个星座虽然很小，但是在兔子头部却有几颗比较亮的星，互相靠得很近，只要找到猎户座就不难找到它。沿猎户三星向西北望去，可以找到金牛座，金牛座最亮的星叫毕宿五，它和轩辕十四、心宿二和北落师门被人们称为"四大王星"。金牛座的东北是五边形的御夫座。御夫座是冬季星空中一个美丽的星座，像一只飘在银河上的风筝，最亮的那颗叫"五车二"。

寒冷的冬季，夕阳西下后的夜空，一年中星空最热闹的序幕拉开了。北斗星出现在东北低空，斗柄指向北方。雄伟壮丽的"新年大花环"高悬在南天。

冬天的星空是精彩的，吸引着成千上万不畏严寒的天文爱好者驻足观看。

冬季星空精彩纷呈，繁星布满夜空，谱写了仙女下凡到人间、孪生兄弟金牛牵、御夫猎户逗双犬的和谐篇章。

 探索与思考2.2.4

冬季最具代表性的星座是_____、_____。冬季大三角由_____、_____、_____组成。

冬季星空对应观测时刻:

1月5日23时

1月20日20时

2月5日21时

2月20日20时

冬季星空具有代表性的星座

猎户座

金牛座

冬季星空

猎户座

天兔座

双子座

金牛座

小犬座

冬季星空具有代表性的星座

知识链接 2.2.1

新年大花环

冬夜星空中御夫座的"五车二"、金牛座的"毕宿五"、猎户座的"参宿七"、大犬座的"天狼星"、双子座的"北河三"组成一个很大的弧。这是非常有名的"天狼星弧",也被称为"新年大花环"。

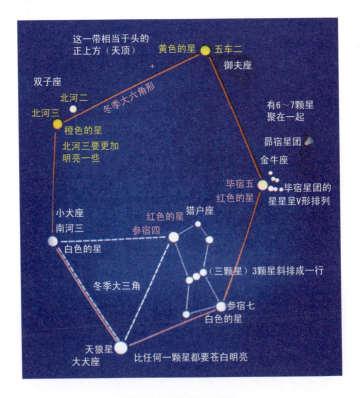

星空中的新年大花环

为什么有的星我们找不到？

这是和我们所在的地理纬度有关。星空就像一个硕大无比的圆球，它的一半覆盖在地平面之上，另一半则隐没在地平面之下。这个想象的圆球被称为"天球"。星星每天绕着天球的"轴"做整体转动。这条轴实际上就是被无限延长的地球自转轴，轴线的一端指向天球的北极，另一端指向天球的南极，所以地球北半球的观察者看到所有的星星都在围绕着北天极旋转，而地球南半球的观察者看到所有的星星都在围绕着南天极旋转。

四季认星歌

春夜星空	夏夜星空	秋夜星空	冬夜星空
一二三四五六七， 斗柄东指报春来。 认星先从北斗起， 由北往南再展开。 雄狮春夜横空卧， 轩辕十四一等星。 牧夫大角沿斗柄， 风筝之下一盏灯。	天上繁星亮晶晶， 天蝎人马紧相邻。 顺着银河往北看， 天鹰天琴两边挂。 天鹅飞在银河上， 牛郎织女色青白。 心宿红星照南斗， 夏夜星空记心中。	秋高气爽好认星， 仙后五星空中升。 仙女一字指东北， 飞马凌空四边形。 英仙星座照夜空， 大陵五是变光星。 南天寂静亮星少， 北落师门指航灯。	三星高照寒冬到， 昴星成团亮晶晶。 金牛低头冲猎户， 御夫五星五边形。 东望小犬北双子， 天狼全天最亮星。 群星灿烂放光明， 记住冬夜认星歌。

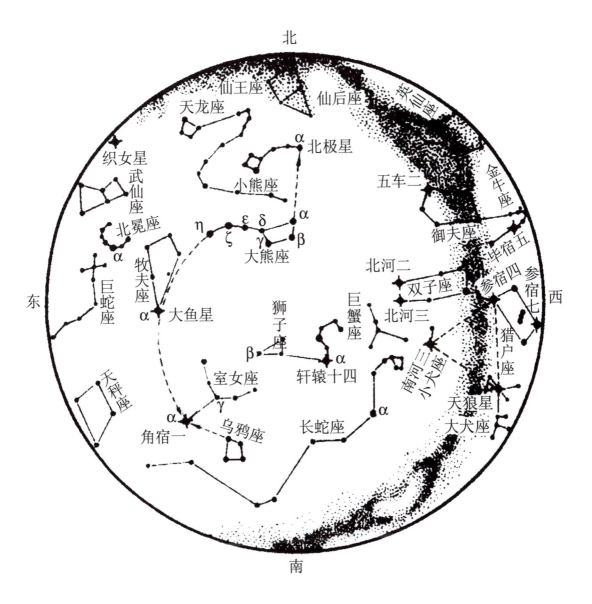

春夜的星空

3 月中旬　23 时

4 月中旬　21 时

5 月中旬　19 时

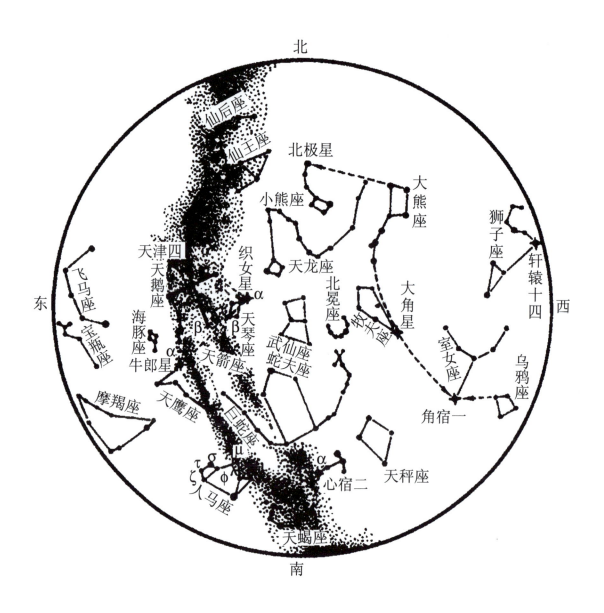

夏夜的星空

6 月中旬　午夜

7 月中旬　22 时

8 月中旬　20 时

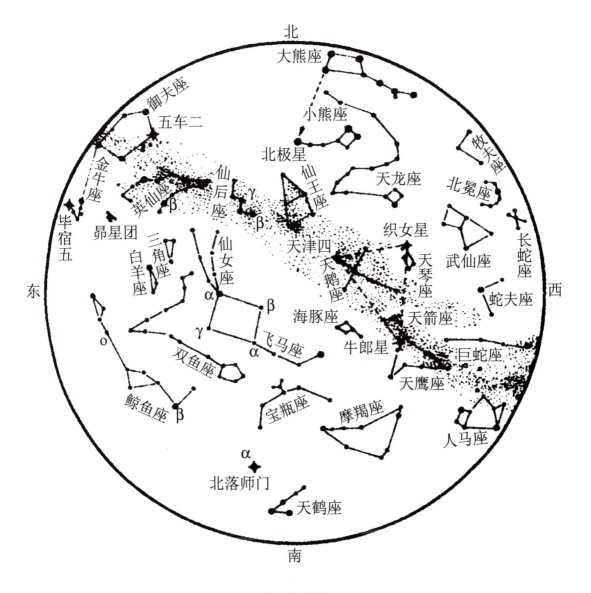

秋夜的星空

9 月中旬　23 时

10 月中旬　21 时

11 月中旬　19 时

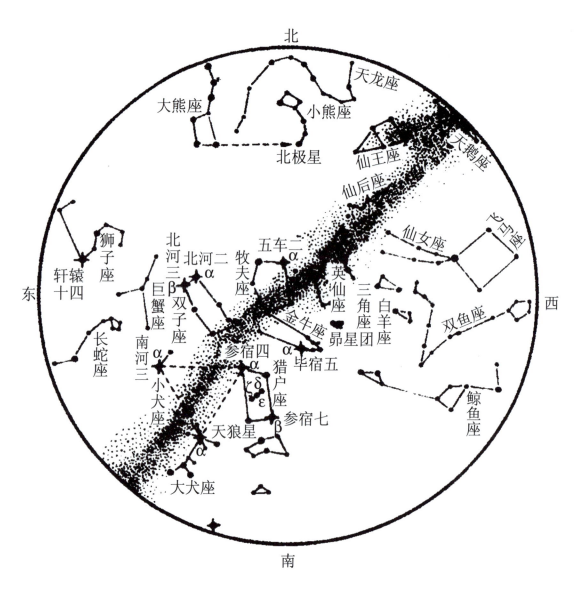

冬夜的星空

12 月中旬　23 时

1 月中旬　21 时

2 月中旬　19 时

寻找星座

一、试验目的

认识春、夏、秋、冬主要星座。

二、试验准备

1. 书、旋转星座图、指南针、指星笔、微光电筒、笔记本、圆规、直尺、笔。

2. 选择4月（春季）、7月（夏季）、10月（秋季）、1月（冬季）的中旬晴朗无云的某一天晚间21时。

3. 避开灯光，空旷安全的郊外。

三、试验程序

1. 观测前的准备：

（1）参考星空观测记录，在笔记本上画直径12厘米的圆，过圆心画水平线和水平线垂直的竖线，将圆分为四等分，并将线段与圆相交点处按方位标注东南西北。

（2）参照旋转星图和书中本季节星空图标注出北极星的位置。

2. 观测现场：根据自己的观测标注出相应的星座在圆的相应位置。

3. 课后根据观测记录，对照星座图和书中的星空图做出分析对比。

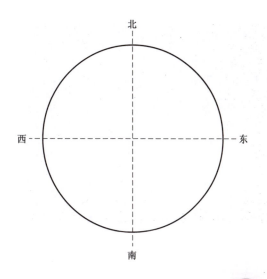

4. 可每组1~3人进行协同观测，但需明确各人职责并在观测记录中做好相应的记录。

春（夏秋冬）季星空观测记录

时　　间：　　年　月　日　时　分
天　　气：
地　　点：
位　　置：
环　　境：
记录人：

五　黄道十二宫

旭日东升，夕阳西下，地球自转而使日、月、星辰周而复始地每天东升西落一次，这就是我们熟悉的地球自转而形成的天体周日视运

周日视运动（一）

周日视运动（二）

动现象。同时我们注意到太阳在一年中，每天出没的方位和中午的高度都有变化，不同的季节夜晚同一时间我们看到的星座也不同。太阳在一年中自西向东在星座间穿行一周，这就是太阳周年视运动现象。

太阳周年视运动是地球绕太阳公转而形成的。地球绕太阳公转的轨道叫黄道。一年内太阳穿行于黄道带上的白羊宫、金牛宫、双子宫、巨蟹宫、狮子宫、室女宫、天秤宫、天蝎宫、人马宫、摩羯宫、宝瓶宫和双鱼宫十二个星宫。黄道十二宫表示太阳运行在黄道上的位置，而宫与宫之间相隔30°，因此，太阳每进入一宫的时间基本上都是固定的。3月21日春分前后，太阳进入白羊宫；6月22日夏至前后，进入巨蟹宫；9月21日秋分前后，进入天秤宫；12月22日冬至前后，进入摩羯宫。

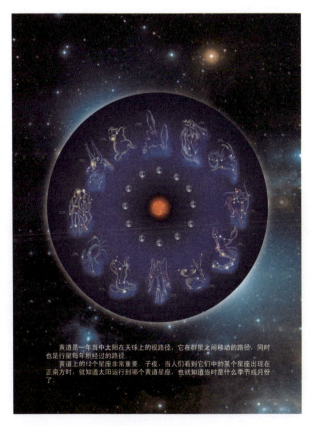

黄道是一年当中太阳在天球上的视路径，它在群星之间移动的路径，同时也是行星每年所经过的路径。
黄道上的12个星座非常重要，子夜，当人们看到它们中的某个星座出现在正南方时，就知道太阳运行到哪个黄道星座，也就知道当时是什么季节或月份了。

黄道十二宫（一）

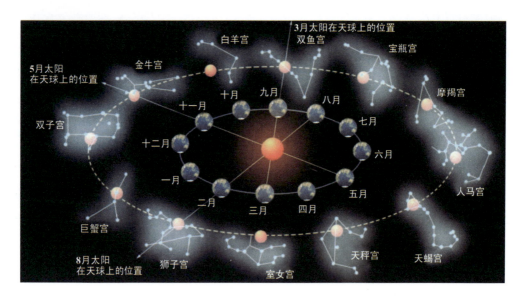

黄道十二宫（二）

与黄道十二宫不同，黄道附近十二个星座的大小是不同的，黄道在其中的长度也不同，因此太阳在不同的星座里所处的时间长度也是不一样的。在古希腊时代，黄道十二宫和黄道附近的十二个星座，还是能粗略地对应上的。当年的春分点在白羊座内，白羊宫也基本位于白羊座内。不过，随着地球自转、公转的一些长期性的缓慢变化，到了2 000多年后的今天，黄道十二宫和黄道星座连这样的粗略对应也没有了。现在的春分点位于双鱼座内，整个白羊宫也基本位于双鱼座内，星宫与星座已经完全对不上号了。更重要的是，现在的黄道还穿过第十三个星座，那就是——蛇夫座。所以现在，黄道上有十三个星座。

日常生活中，我们常说每人都有一个属于自己的星座，就是指的黄道十二星座。至于星座决定人的性格、潜能，显然是没有什么道理，只是趣谈，我们不妨把这种时尚称作星座文化。

黄道上的十二个星座非常重要。子夜，当人们看到它们中的某一个星座出现在正南方夜空中时就表示太阳运行到那个星座，因此也就知道当时是什么季节和月份了。

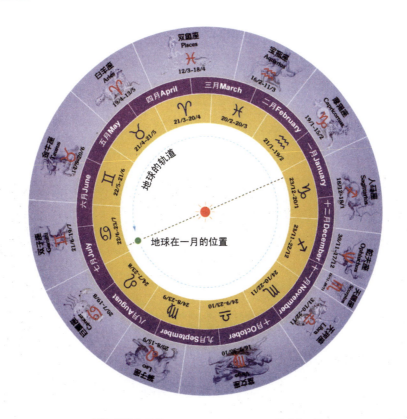

■ 黄道十二宫　　■ 黄道十三星座

黄道十二宫与黄道十三星座

太阳经过星宫的时间

日　　期：	3月21日—4月20日—5月21日—6月22日—7月23日—8月23日—9月23日					
太阳经过：	白羊宫	金牛宫	双子宫	巨蟹宫	狮子宫	室女宫
日　　期：	9月23日—10月23日—11月22日—12月22日—1月20日—2月18日—3月21日					
太阳经过：	天秤宫	天蝎宫	人马宫	摩羯宫	宝瓶宫	双鱼宫

太阳经过星座的时间

日　　期：	3月12日—4月19日—5月14日—6月21日—7月20日—8月20日—9月16日					
太阳经过：	双鱼座	白羊座	金牛座	双子座	巨蟹座	狮子座
日　　期：	9月16日—10月31日—11月23日—11月30日—12月18日—1月19日—2月16日—3月12日						
太阳经过：	室女座	天秤座	天蝎座	蛇夫座	人马座	摩羯座	宝瓶座

宇宙奥秘（上册）

探索与思考2.2.5

1. 黄道十二宫是指太阳一年穿行于黄道上哪十二个星座？

2. 依靠黄道十二宫星座能知道当时的季节和月吗，为什么？

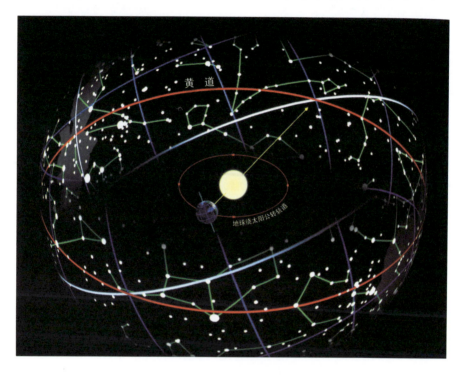

维基百科黄道示意图

48

第 3 章 恒星

恒星是一种靠自身能源发出光的天体，能源主要来自内部的核反应。恒星距离地球很遥远，离地球最近的恒星是太阳，与地球的距离约 1.496 亿千米；其次是半人马座比邻星，离地球 4.22 光年。恒星并不是固定不动的，只是距离遥远，不借助特殊的工具和方法难以发现它们在天球上的运动，故古人称之为恒星。宇宙中恒星的数量相当惊人，银河系就有 1 500 亿～3 000 亿颗恒星，而银河系只是宇宙 1 000 亿个星系中普通的一员。

第3章　恒　星

第一节　恒　星

　　恒星是宇宙中最主要的天体，由于它们互相之间的相对位置，在很长的时间内用肉眼看不到有任何变化。其实，它们都在运动，只是离我们非常遥远，用肉眼觉察不到而已。

　　恒星是由炽热气体组成，能够自身发光的球形或类球形天体。肉眼能看到的 6 000 多颗星体，除了太阳系内的行星、矮行星、小行星、流星和彗星之外都是恒星。

麒麟座

太阳是离我们最近的一颗恒星。

星座是由恒星组成的。

鹿豹座

宝瓶座

第二节　星的亮度与星等

浩瀚的夜空中，星有亮有暗，这种明亮的程度就是星的亮度。整个天空用肉眼只能看到 6 等以上的 6 000 多颗星。在星的亮度等级中，肉眼能看到的最暗的星为 6 等，比 6 等星亮一点的是 5 等，依此类推亮星为 1 等，更亮的为 0 等以至负星等，上面所说的星等是星的视星等，如太阳为 –26.7 等，满月为 –12.7 等，牛郎星为 +0.27 等，北极星为 +1.99 等。

在视星等中，1 等星比 6 等星亮 100 倍，也就是说，星等相差 1 等，其亮度之比约等于 2.512。哈勃太空望远镜观测极限星等暗于 +28 等。

1 等星：特别明亮，全天共 21 颗，它们在天空中显得非常突出，如牧夫座、大角座、狮子座的轩辕十四、北落师门、天蝎座的心宿二、织女星、牛郎星等。

2 等星：比较明亮，北极星和北斗星就属于这一类。

3 等星：不大明亮，但在薄雾和城市灯光下，一般可见，如猎户座腰带上的三颗星。

4 等星：较为黯淡，在上述条件下，隐匿不见。

5 等星：很黯淡，天空全黑时才可见。

6 等星：最黯淡的星，只有在良好的观测条件下才能看到。

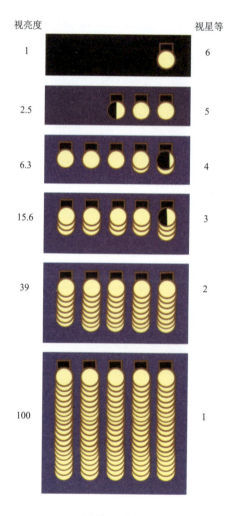

星等示意图

天体视星等数据表（最亮时星等）

天体名称	视星等	天体名称	视星等
太阳	−26.7	天狼星（大犬α）	−1.46
满月	−12.7	织女星（天琴α）	+0.04
金星	−4.4	牛郎星（天鹰α）	+0.77
火星	−2.8	天津四（天鹅α）	+1.26
木星	−2.6	轩辕十四（狮子α）	+1.36
水星	−1.6	北极星（小熊α）	+2.0
土星	−0.3	海王星	+7.84
冥王星	+14.0	天王星	+6.5

知识链接 3.2.1

光 年

　　光年表示的是真空中光在一年中走过的距离。光在真空中的传播速度每秒约 300 000 千米，每天有 86 400 秒，那么每年中就 86 400 秒 × 365，接着你就可以计算出光在一年中所走过的距离是 9.46 万亿千米（1 光年 = 9.460×10^{12} 千米）。天文学家之所以采用光年做距离单位，是为了避免出现不得不把诸如织女星到地球这样的距离写成"250 000 000 000 000 千米"的情况，把单位设成"光年"，织女星的距离就是 26.3 光年，这样既简单明了，又便于记忆。

　　"光年"是天文学上常用的表示长度的单位，千万不要认为"光年"是时间单位。

知识链接 3.2.2

如何计算恒星与地球之间的距离？

天文学家利用几何学原理来计算恒星与地球间的距离。

我们可以在两个尽可能远的位置观察同一颗恒星，并将看到它的位置偏差记录下来。这样我们就得到一个三角形。科学家们通常在 1 月 1 日和 7 月 1 日两次测定恒星的位置。这样三角形的地边和恒星所处的顶角都是最大。科学家将这个顶角称为"视差"。因为恒星与我们的距离十分遥远，所以这个顶角其实很小。

利用三角形测量恒星与地球的距离

如果我们在地球轨道上，于 A 点观察恒星 C，6 个月后位于 B 点观察恒星 C，则通过 AB 间的距离（地球公转轨道的直径）、∠CAB 与∠CBA 可以计算出地球与恒星 C 之间的距离。

德国天文学家弗里德里希·威廉·贝塞尔于 1838 年第一次成功地测量出一颗恒星的距离。

几颗亮星到地球的距离

序号	星　　座	中国名	距离/光年
1	半人马α	南门二	4.35
2	大犬α	天狼	8.65
3	小犬α	南河三	11.4
4	天鹰α	河鼓二	16.0
5	南鱼α	北落师门	22.0
6	天琴α	织女	26.3

探索与思考 3.2.1

1. 恒星 A 是 9 等星而恒星 B 是 4 等星，则（　　）。

(1) A 比 B 亮 5 倍　　　　(2) A 比 B 亮 100

(3) B 比 A 亮 5 倍　　　　(4) B 比 A 亮 100 倍

2. 我们所看到的星都是恒星吗？肉眼能看到的星是几等星？

第4章 我们的星系——太阳系

太阳

火星

地球

金星

水星

星团

彗星

海王星

天王星

木星

土星

星云

第4章 我们的星系——太阳系

夏日夜晚，我们在晴朗的夜空中会看到一条从东北向南的光带横贯于天空，宛如一条奔腾的长河，这就是我们太阳系的家园——银河系。银河系由数千亿颗恒星组成的"漩涡状星云"。在银河系的中心，恒星密度大，聚集成一个中间鼓起的圆盘状，越往外，银河的盘形越扁平，边缘要比双凸状的中心薄得多。太阳系就在距银心2.7万光年的扁平旋臂上。

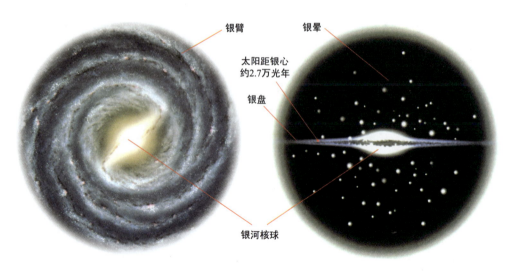

银臂

银晕

太阳距银心
约2.7万光年

银盘

银河核球

银河系俯视图   银河系侧视图

银 河 系

　　银河系是一个有棒状结构核心的棒旋星系，由核球、银盘、银晕组成。

　　银盘由恒星、星团、星云和星际物质组成。

　　银盘中心隆起的球形部分叫核球。核球的中心致密区叫银核。

　　银盘外围是银晕。银晕外面更稀薄庞大的区域叫银冕。

银河系示意图

第一节　太　阳　系

太阳系位于银河系旋臂之上，距银心 2.7 万光年，是恒星太阳和所受到太阳引力控制的天体形成的集合体。以太阳为中心，环绕其周围的有 8 颗行星、165 颗卫星、众多的矮行星、无数颗小行星以及带着长尾巴的彗星和星际尘埃等。

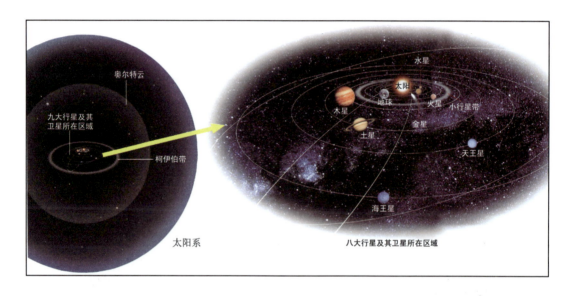

太阳系

探索与思考 4.1.1

太阳系是由什么组成的？

第二节　我们的母亲——太阳

太阳资料

名称来源：太阳的古英语单词

发现时间：自古便知

太阳的年龄：46亿年

重力：28（以地球为单位1）

体积：1 304 000（地球体积为1）

直径：1 392 530千米

核心温度：15 000 000℃

行星及矮行星的数目：8颗行星/3颗矮行星

自转周期：25.4天（赤道处）

太阳在银河系中的位置

太阳每天东升西落，为我们带来温暖和光明。太阳在白天照耀着大地时，你也许不会相信它是一颗恒星。在宇宙中太阳只是一颗普普通通的离地球最近的恒星，但它却是一个主宰太阳系的庞然大物。太阳主要由氢（75%）和氦（25%）组成；半径 696 265 千米，是地球的 109 倍，体积相当于 130.4 万个地球；体重约 2 000 亿亿亿吨，相当于 33 万个地球的重量，占据了太阳系总质量的 99.87%。太阳自身巨大的质量产生强大的引力，吸引着太阳系所有成员，使它们秩序井然地绕着自己旋转，并带领它们万古不息地绕着银河系中心运动。

太　阳

打个比方说，如果太阳是一头大象，那么8颗行星就是大小不等的麻雀，而小行星、彗星就是一群数不清的蚂蚁和细菌。

太阳系八大行星比例图

太阳与地球、水星、金星、火星等岩石型行星不同。它是一个全部由高温气体构成的巨大的气态球体，然而由于其质量占据了太阳系总质量的99.87%，其中心部位产生的极大引力，把所有的物质都吸引到了那里，其中心部位的温度非常高，就像一个熊熊燃烧的大火球，不断散发着光和热。在太阳的内核部分温度高达15 000 000℃，表面温度约为6 000℃，这样的辐射足足可以进行100亿年。实际上太阳燃烧的方式并不是我们生活中所熟悉的燃烧，而是核聚变，而地球上仅能接收到太阳能量的22亿分之一，相当于5.5亿亿亿瓦的电力，是全世界每年发电总量的几十万倍。太阳能取之不尽，用之不竭，又无污染，是最理想的能源。

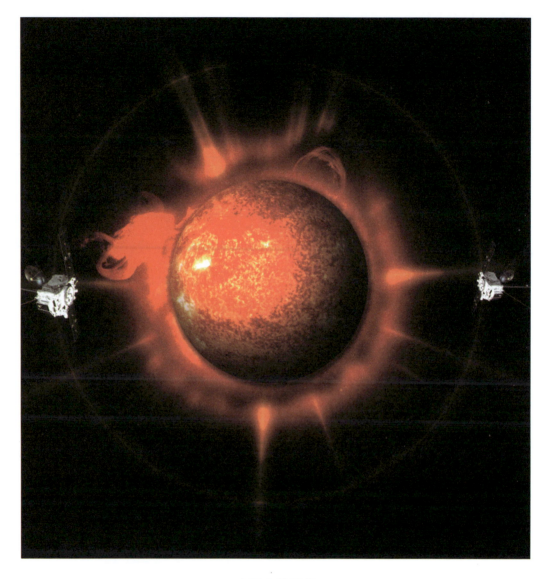

太阳立体图像

美国宇航局"日地关系观测台"运动到太阳两侧相反的位置上，首次成功绘制了太阳完整的立体图像。

一 太阳的结构

太阳结构由内部结构和大气结构组成。

1. 太阳的内部结构由核心向外分为三层：核反应层、辐射层、对流层。

（1）核反应层：处在太阳的中心，范围只有太阳半径的0.25，由巨大的引力而压缩的氢原子核发生核聚变反应产生的能量占太阳全部能量的99%。

（2）辐射层：范围在0.25～0.86个太阳半径，充满了光的能量，核反应层产生的能量通过辐射层由辐射形式传输出去，逐渐转化为可见的光子到达对流层。

（3）对流层：范围从0.86个太阳半径到太阳表面。温度由里到外逐渐减小，产生对流，把光子输送到光球层。

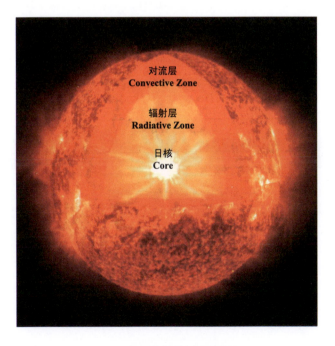

太阳内部结构示意图

2. 太阳的大气结构由光球层、色球层、日冕层组成。

（1）光球层：光球层是太阳能量的出口，明亮发光的太阳表面就是光球层。太阳表面温度也就是指光球层的温度。

（2）色球层：光球层向上就是色球层，是一层稀疏、透明、非常美丽的玫瑰色大气，只有在日全食时才能一睹风采，或者在望远镜前加装一个特殊的滤光器（H_α太阳滤光器），也可以看到这美丽的色球和针状的日芒。

（3）日冕层：色球层外包围着的一层很稀薄，完全电离的气体层，只有日全食时才能看到。

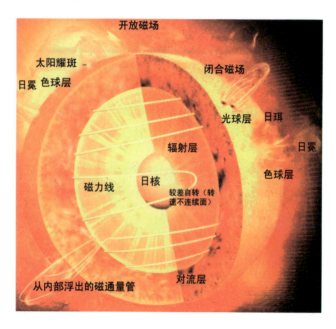

太阳大气结构示意图

二 太阳的表面

1. 米粒组织：太阳的米粒组织是一种接连不断地出现又接连不断地消失的数量可达 400 万颗的颗粒状物，如同沸腾的米粒，此起彼伏上下翻腾，是太阳光球层大气的对流现象。

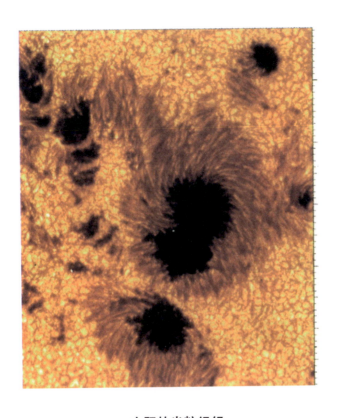

太阳的米粒组织

2002 年 7 月 15 日太阳黑子照片，展示了太阳黑子和米粒组织的
精细结构，周围的每一刻度是 1 000 千米。

2. 黑子：黑子是在光球层上具有强磁场的气体漩涡，温度低于光
球，是太阳流动最明显的标志。黑子之所以黑是因为它比周围的温度
低。发展完全的黑子分半影和本影两部分：中间暗黑部分叫本影；本
影周围较淡的部分叫半影。本影是黑子的核心，温度约为 4 000 多度；
半影部分温度约为 5 000 多度。黑子在日面上的分布不均匀，几乎所有
黑子都分布在日面南北纬45°的范围内，赤道两旁8°范围内很少出现。
以黑子群的平均日面纬度为纵坐标、以时间为横坐标绘出黑子群在日
面上的纬度分布图，形状像一群蝴蝶，叫蝴蝶图。

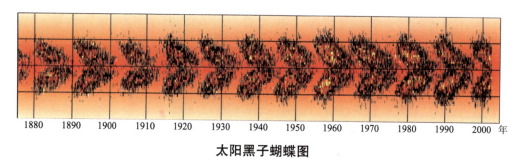

太阳黑子蝴蝶图

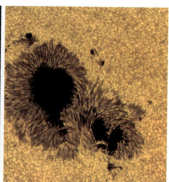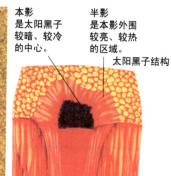

本影
是太阳黑子较暗、较冷的中心。

半影
是本影外围较亮、较热的区域。

太阳黑子结构

太阳黑子

黑子的长期观测资料表明，太阳黑子活动的强度变化具有周期变化的规律，变化周期平均为11年。

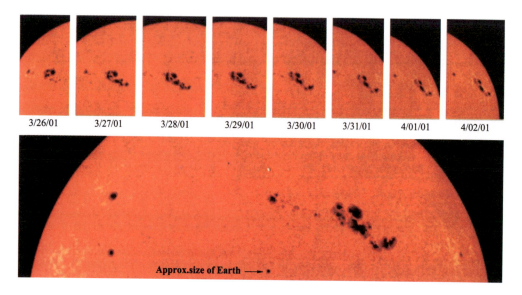

3/26/01   3/27/01   3/28/01   3/29/01   3/30/01   3/31/01   4/01/01   4/02/01

Approx.size of Earth →

2001年3～4月黑子随着太阳自转在日面上转过的合成照片

3. 耀斑：耀斑是色球层发生剧烈爆炸的产物，可释放大量的能量，有的相当于几百亿颗氢弹爆炸，其能量转换成电能可供全世界用一亿年。

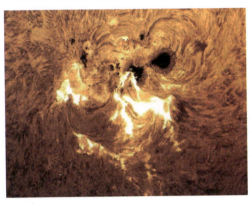

太阳耀斑

4. 日珥：日珥是太阳表面喷射出的炽热气体流，是美丽的色球活动的表现。

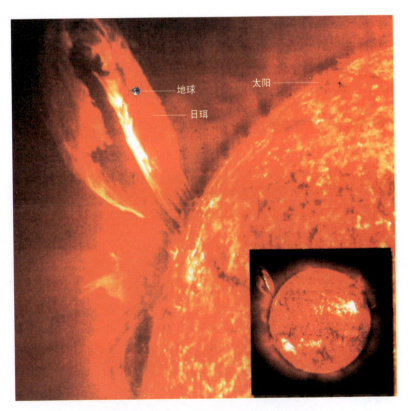

太阳日珥（图片中地球是按比例添加的）

太阳的结构和能量来源

与地球及火星等小的岩石型行星不同，太阳是一个全部由高温气体构成的巨大的球体。然而，由于其质量是地球的33万倍，所以其中心部位产生了极大的引力，把所有的物质都吸引到了那里。因此，其中心部位的密度和温度都非常高，引起的核聚变反应可不断产生出巨大能量。

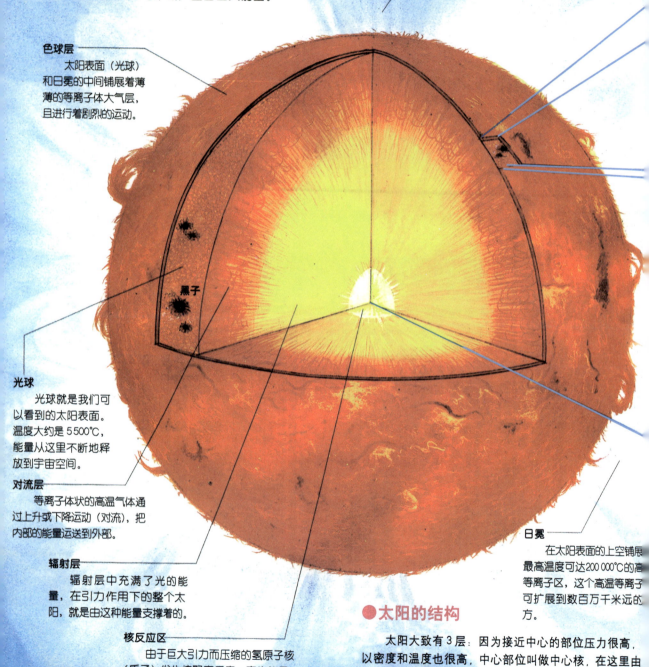

日冕洞
日冕洞就是在太阳表面遥远的上空铺展着的日冕中温度低的地方。

色球层
太阳表面（光球）和日冕的中间铺展着薄薄的等离子体大气层，且进行着剧烈的运动。

黑子

光球
光球就是我们可以看到的太阳表面。温度大约是5500℃，能量从这里不断地释放到宇宙空间。

对流层
等离子体状的高温气体通过上升或下降运动（对流），把内部的能量运送到外部。

辐射层
辐射层中充满了光的能量，在引力作用下的整个太阳，就是由这种能量支撑着的。

核反应区
由于巨大引力而压缩的氢原子核（质子）发生核聚变反应，产生能量。

日冕
在太阳表面的上空铺展最高温度可达200 000℃的高等离子区，这个高温等离子可扩展到数百万千米远的方。

● **太阳的结构**

太阳大致有3层：因为接近中心的部位压力很高，以密度和温度也很高，中心部位叫做中心核，在这里由核聚变反应而产生能量（光和热）；在中心核的周围是辐射层，辐射层中充满了核内部制造出来的能量；其外侧对流层，通过对流把内部的光和热输送到表面（光球

太阳表面的情况

耀斑
耀斑是色球层发生的剧烈爆炸现象，可释放出大量的能量。

谱斑
谱斑是一种在黑子周围上空活动频繁的区域中，可以看到的像白色斑点一样的东西。

日珥
日珥是一种存在于日冕中的、像红色火焰一样的发着光的漂浮的气体，它的高度有时可达 10 万千米。

光斑是在黑子附近出的明亮的部分，围光球的温度要

黑子

米粒组织
米粒组织是一种接连不断地出现又接连不断地消失的数量很多的颗粒状物，一个米粒的直径就达 1 000 千米。

针状物
针状物是一种从覆盖在光球上的米粒组织之间喷射出的像针一样尖锐的气体，高度可达 1 万千米。

我们使用肉眼或望远镜直接能够看到的只是太阳的表面。上图是剥球层及其外面的色球层之后的样描绘出了太阳表面发生的各种各的现象。

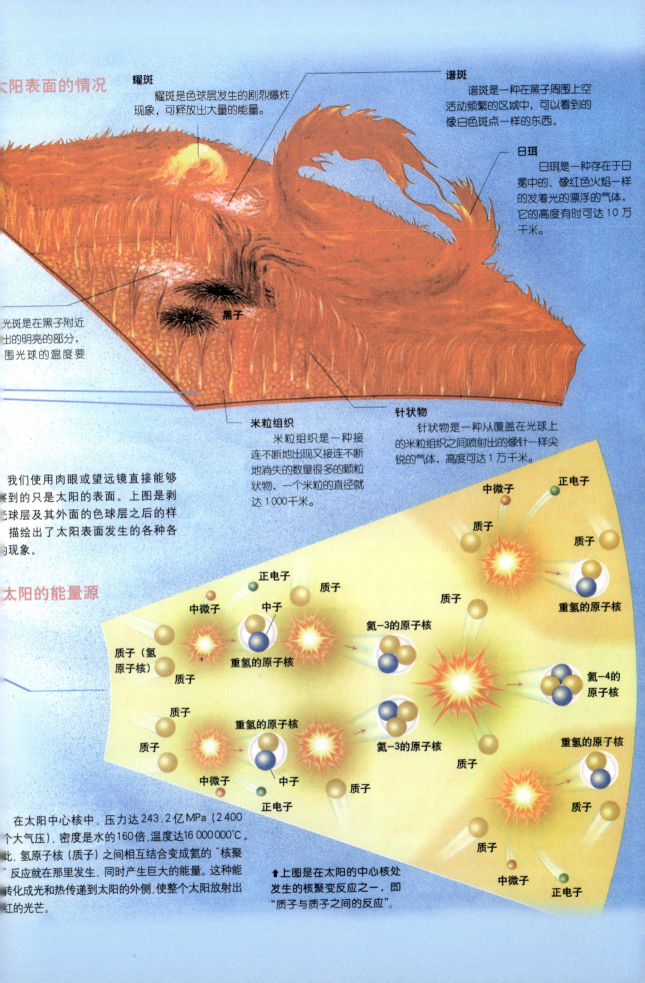

太阳的能量源

中微子　正电子
质子　质子
质子　重氢的原子核
正电子　质子　质子
中微子　中子　质子
质子（氢原子核）　重氢的原子核　氦-3的原子核
质子　质子　氦-4的原子核
质子　重氢的原子核　氦-3的原子核
重氢的原子核　质子
中微子　中子　质子
正电子　质子
中微子　质子
正电子

在太阳中心核中，压力达 243.2 亿 MPa（2 400个大气压），密度是水的 160 倍，温度达 16 000 000℃。此，氢原子核（质子）之间相互结合变成氦的"核聚"反应就在那里发生，同时产生巨大的能量。这种能转化成光和热传递到太阳的外侧，使整个太阳放射出红的光芒。

↑上图是在太阳的中心核处发生的核聚变反应之一，即"质子与质子之间的反应"。

探索与思考 4.2.1

1. 距离地球最近的恒星是＿＿＿＿＿＿＿＿＿。

2. 太阳的半径是地球的＿＿＿＿＿＿倍，质量是地球的＿＿＿＿＿＿倍。

3. 太阳表面的温度大约是＿＿＿＿＿＿度。

4. 太阳的能量来源主要是通过＿＿＿＿＿＿，地球只接收了太阳辐射能量的＿＿＿＿＿＿。

5. 太阳中的化学成分主要是＿＿＿＿＿和＿＿＿＿＿。

6. 太阳大气层分为＿＿＿＿＿、＿＿＿＿＿、＿＿＿＿＿。

7. 太阳黑子存在着平均＿＿＿＿＿年的周期，黑子群在日面上的分布呈＿＿＿＿＿状，称作＿＿＿＿＿图。

三 太阳光谱

1. 什么是太阳光谱？

太阳光通过一个狭窄的缝隙照射到玻璃三棱镜上，就会被分解成为红色光、黄色光、绿色光、蓝色光和紫色光。这些单色光按波长依次排列的图案被称为光谱。

在太阳光谱中存在着许多条暗线，这些暗线是太阳大气中的原子对太阳内核发射的连续光谱进行吸收的结果。

每一个原子都有一定的模糊轮廓，通过比对光谱，我们就可以知道太阳大气层中存着在哪些物质。同时，还可以了解太阳的温度、压力和磁场等方面的信息，对太阳进行全面的研究。

不同的天体有不同的光谱，这样我们就可以通过光谱来研究不同的天体。

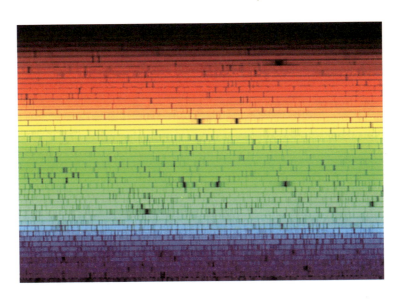

太阳光谱

2. 不同元素有不同的谱线。

太阳光谱通常是在连续的彩色背景上有不同的亮线和暗线。每一条亮线或暗线都对应某一种元素，由于元素性质的不同所呈现的谱线也就不同。科学家就是通过"摄谱仪"，得到太阳的光谱，通过亮暗不同的谱线研究遥远的天体的成分，得知各种物质的组成，进而研究其开发利用的价值。

氢的谱线

钠的谱线

氖的谱线

汞的谱线

不同元素有不同的谱线

3. 彩虹也是光谱。

雨过天晴，天空中出现了一道美丽的彩虹！它是通往天上的桥梁吗？不是，它是太阳光被空气中的小水珠折射分解，形成的"太阳光谱"。只不过，这样的"光谱"很模糊，对天文学家而言没有研究的价值。天文上使用的光谱，是用特殊的仪器——"摄谱仪"拍摄的。

彩虹也是光谱

知识链接 4.2.1

太阳光谱的发现

著名的科学家牛顿做过一个有名的实验，他在一个屋子里，让一束阳光从屋顶的窗洞里射进来之后，穿过一块三棱镜，发现原来的一束白光扩展分解成一条美丽的彩带，依次为红、橙、黄、绿、青、蓝、紫七种颜色，这就是太阳光谱。自从牛顿发现了太阳光谱后，许多天文学家都开始了太阳光谱的研究。1802 年，一位英国天文学家，让一束太阳光通过一条狭缝，再照射到棱镜上，在太阳光谱中意外地发现了一些暗线，天文学上称为吸收谱线；有的天体的光谱中会出现一些亮线，天文学上称为发射谱线。后来，德国年仅 27 岁的青年夫琅和费创造出第一架观测光谱的天文仪器。接着德国物理学家基尔霍夫通过新的实验成功地解释了谱线，并用光谱检测天体化学元素组成。

光谱的发现

 实验室 4.2.1

分 解 阳 光

一、试验目的

分解阳光，获取太阳光谱——彩虹。

二、试验准备

无色广口大玻璃瓶、纯净水、A3 大小硬纸板中开200mm×5mm 长孔

一个、一块白色奥松板 500mm×600mm×3mm。

三、试验程序

1. 向洁净的无色广口大玻璃瓶中注纯净水于瓶颈处。

2. 将注水后的广口瓶置于奥松板的一端，将带孔的 A3 纸板置于阳光射入玻璃瓶的一面。

3. 移动 A3 纸板使透过长孔的阳光照射在玻璃瓶上。

4. 当阳光足够强的时候，就可以看到白色的板上出现彩色条纹。这就是太阳的光谱。

知识链接 4.2.2

光

　　自然界中的光全部和太阳光一样，是由多种颜色的光混合而成的。完全单色的光在自然界中不存在，只能由特殊的设备制造出来，这就是激光。

四　太阳活动对人类的影响

1. 对电离层的干扰。造成通信信号减弱或中断。

2. 对航天器的危害。耀斑发射的强大的高能粒子，干扰和破坏卫星和空间探测器的设备和运行，甚至威胁宇航员的生命。

3. 对地磁的影响。耀斑活动产生的大量低能离子在地磁场中产生强大的感应电流，严重损坏了高纬度地区供电设备、输油管道，甚至电话线。

4. 对气候的影响。太阳活动能够使大气环流发生变化，从而影响到天气现象。

5. 对地震的影响。太阳的活动引起地球磁场扰动，可对地球自转产生影响，可能激发地震。

6. 对人体健康的影响。研究表明太阳辐射使人体某些功能发生紊乱，导致人体免疫功能削弱，从而促使某些疾病的发生。

五 日食

（一）日食的产生

当月球转到太阳和地球中间，并且三者都在一条直线上，射到地球上的阳光被月球遮住了一部分或全部时，人们就看到了日食。显然日食只能发生在朔日，即农历初一。但不是每个朔日都发生日食，这是因为月球绕地球的轨道面和黄道面不重合，只有当朔发生在两者交点附近时才会有日食。

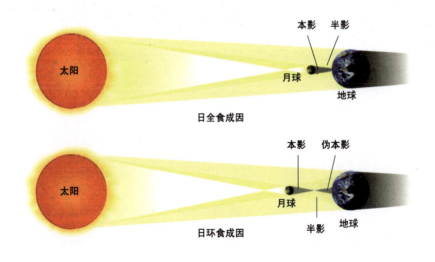

日食成因图

（二）日食类型

（1）日全食：月球把太阳全部挡住时发生日全食。

（2）日偏食：月球把太阳一部分遮住时发生日偏食。

（3）日环食：月球把太阳中间部分遮住时发生日环食。

（三）日全食过程

日全食发生时，根据月球同太阳的位置关系，可分为以下阶段：

（1）初亏：月球东边缘刚刚与太阳西边缘接触的时候叫做初亏，也就是日食开始的时候，日食进入了偏食阶段。

（2）食既：月球东边缘与太阳东边缘刚刚接触的时刻叫食既，也就是日全食开始的时候。

（3）食甚：月球中心移到与太阳中心最近处时叫食甚。食甚是太阳被月球遮住最多的时候。

（4）生光：月球西边缘与太阳西边缘刚刚分离的时刻叫生光，这时太阳西边缘会射出一线刺眼的光芒。

（5）复圆：月球西边缘与太阳东边缘即将分离的时刻叫复圆，此时月球完全脱离太阳，太阳呈现出圆盘状，日全食结束。

日珥　　　　　日冕　　　　　贝利珠

日全食时的日珥、日冕、贝利珠

六 月食

当月球转到和地球同一侧，并且太阳、地球、月球在同一直线上，地球挡住了太阳射向月球的光，月球变成了红铜色，而此时正好是望月（满月、农历十五），便产生了月食。如果月球全部进入地球本影，

则产生月全食；如果只有部分月球进入地球的本影，就产生月偏食。当月球进入地球的半影时，应该是半影食，但由于月球的亮度减弱得很少，不易察觉，故不称月食，所以月食只有月全食和月偏食两种。地球的直径约为月球的4倍，由于月球自西向东运动，因此月食总是从月轮的东边缘开始。月全食包括五个阶段：初亏、食既、食甚、生光、复圆。由于地球本影直径约为月轮直径的2.5倍，所以月全食的过程时间长达1~2小时。

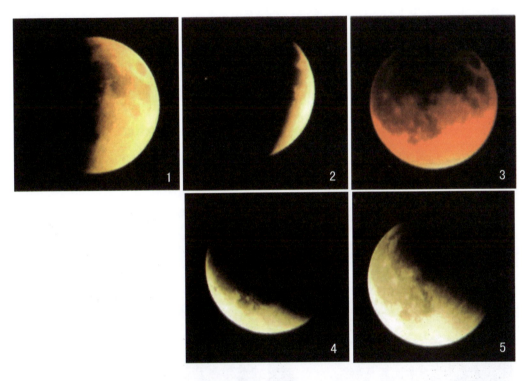

月食的过程

初亏：月球刚刚接触地球本影，月轮的东边缘开始明显减暗。

食既：月球的西边缘与地球本影的西边缘内切，月球刚好全部进入地球的本影内。

食甚：月球的中心与地球本影的中心最近。

生光：月球的东边缘与地球本影的东边缘内切，这时全食阶段结束。

复圆：月球的西边缘与地球本影的东边缘相外切，这时月食全过程结束。

　　月球被食的程度叫食分，它等于食甚时月轮边缘深入地球本影最远的距离与月球视直径之比。食甚时，若月球恰和地球本影内切，食分等于1；若月球更深入本影内部，则食分大于1，而月偏食的食分都小于1。

　　月食与日食的不同点是，地球上不同地区的居民会同一时间看到月食。只要能看到月亮的地方，看到的月食过程是一样的。通常，月亮不会完全消失，因为地球的大气层像透镜一样，把淡红的阳光折射到月球上。食甚时的月球一般为红铜色。

月食成因图

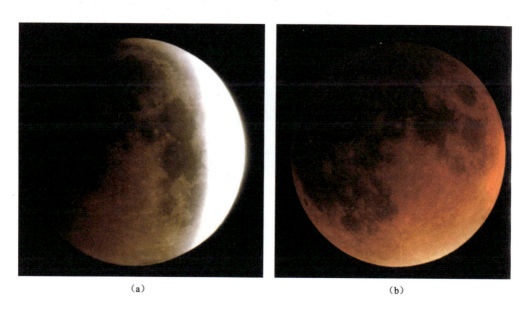

　　　　　　(a)　　　　　　　　　　　(b)

月　食

（a）发生月全食时，月球的左侧会首先进入地球本影。阳光透过地球大气层照射在月球上，使它发出微弱的红铜色；（b）月球已经完全进入地球本影，红色至黄色的光线还是可以进入这一区域，所以我们依然可以观测到"月全食"时的红铜色月亮。

太阳的自转

如果我们想了解太阳的自转，首先我们必须找一个规模大、活动持续长的太阳黑子群，每天坚持观测这个太阳黑子群，就会发现它也是从东到西不断移动的。这就证明太阳也在自转。

太阳的自转非常独特：太阳赤道区域的自转速度比太阳高纬度区域的自转速度快。因为太阳和地球不一样，它没有固体表面，是一个由气体构成的球体。

太阳自转一周大约需要一个地球月的时间，不同的纬度带自转速

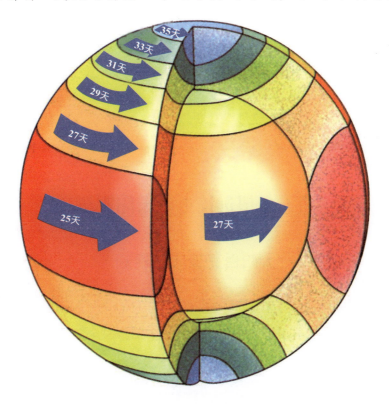

太阳不同区域的旋转速度

度不同。这种现象被称为差异自转。

太阳自身一直在不停地旋转。科学家通过一个全球性太阳观察网站发现：太阳内核自转速度比其表层赤道位置慢10%左右，太阳表层每25～35天自转一周，其赤道位置旋转速度为每小时6 400千米，而太阳内核与表层自转速度则相对较慢。由于太阳内核与表层自转速度不一致，表层经过一定时间后会再次与内核原先的位置相重叠，而这一周期大约是11年。

探索与思考4.2.2

1. 日食产生的原因是什么？日食分哪几个种类？日全食分几个阶段？

2. 月食产生的原因是什么？月食分哪几个种类？月全食分几个阶段？

3. 为什么月全食食甚时月球是红铜色？

实验室4.2.2

用天文望远镜进行太阳观测

太阳白光像照相观测

一、试验目的

1. 获取太阳白光像，了解太阳黑子在太阳上的分布。

2. 认识太阳的自转。

二、试验准备

天文望远镜、太阳滤光器、照相机或LPI、计算机、电源。

三、试验程序

1. 架设好天文望远镜，开启恒星跟踪程序。

2. 检查滤光器并切实安装好。

3. 连接照相机（或 LPI 及计算机）。

4. 调焦使太阳成像清晰。

5. 采用不同的感光度（ISO）及快门速度进行拍摄。

6. 在计算机上放大观测，同时并按"太阳白光像照相记录"做好记录，存入存储器。

7. 每隔一定时间（3～4 天），同一时间同一地点同一方法进行太阳白光像照相，并按第 6 项要求做好记录和存储。

8. 一个月后将拍摄好的白光像进行比较，从太阳黑子的运动状况分析认识太阳的自转和太阳自转的速度差异。

太阳白光像照相记录

编号 　　　　　　　　　　　　　　　　　　　　　　年　　月　　日

观测地点		经度（E）		纬度（N）	
观测时间	北京时间		天气	能见度	
	世界时间			好	一般
天文望远镜	口径		焦距		
照相机型号		感光度 （ISO）		速度	
太阳白光像	贴照片				
太阳白光像描述					
观测记录					

太阳色球的照相观测

一、试验目的

获取太阳色球像，了解太阳喷射物质运动状况。

二、试验准备

天文望远镜、H_α 太阳滤光器、照相机或 LPI、计算机、电源。

三、试验程序

1. 架设好天文望远镜，开启恒星跟踪程序。

2. 安装 H_α 太阳滤光器前置镜和后置镜。

3. 连接照相机（或 LPI 及计算机）。

4. 调焦使太阳成像清晰。

5. 采用不同的感光度（ISO）及快门速度进行拍摄。

6. 在计算机上放大观测，同时并按"太阳色球照相记录"做好记录，存入存储器。

7. 每隔一定时间（3～4 天），同一时间同一地点同一方法进行太阳色球照相，并按第 6 项要求做好记录和存储。

8. 一个月后将拍摄好的色球像进行比较，从太阳喷射物质的运动状态分析认识太阳内部运动。

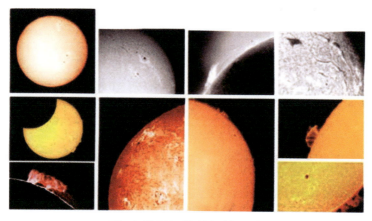

H_α 太阳望远镜拍摄的照片

太阳色球像照相记录

编号　　　　　　　　　　　　　　　　　　　　　年　　月　　日

观测地点		经度（E）		纬度（N）		
观测时间	北京时间		天气		能见度	
	世界时间				好	一般
天文望远镜	口径		焦距			
H$_\alpha$滤光器	前置镜		后置镜			
照相机型号		感光度（ISO）		速度		

太阳色球像

贴照片

太阳色球像描述	
观测记录	

太阳黑子的投影观测

一、试验目的

获取太阳影像，描绘太阳黑子，了解太阳的自转。

二、试验准备

配置太阳投影板的天文望远镜、太阳黑子观测记录纸、计算机、电源。

三、试验程序

1. 架设好天文望远镜和太阳投影板，开启恒星跟踪程序。

2. 在太阳投影板上按地理方位安装"太阳黑子观测记录纸"，调整太阳像大小与记录纸像图相吻合，调整记录纸方位使太阳黑子准确地由东（E）向西（W）移动。

3. 描绘太阳黑子。其方法是：按照投影板上黑子的投影像，先用硬铅笔描画黑子的半影轮廓，再用软铅笔描画黑子的本影轮廓；先描画西边的黑子，后描画东边的黑子；先描画大黑子群，后描画小黑子群。

4. 做好"太阳黑子投影观测记录"，在相应栏内粘贴"太阳黑子观测记录纸"留存。

5. 每隔一定时间（3～4天），同一时间同一地点同一方法进行太阳黑子描绘，并按第4项要求做好记录和存储。

6. 一个月后将描绘好的黑子进行比较，从太阳黑子的运动状况分析认识太阳的自转和太阳自转的速度差异。

太阳黑子照相记录

编号   年   月   日

观测地点			经度（E）		纬度（N）		
观测时间	北京时间			天气		能见度	
	世界时间					好	一般
天文望远镜	口径			焦距			

太阳黑子投影像

贴太阳黑子观测记录纸

投影像描述	
观测记录	

太阳黑子观测记录纸

号数 _____

　　　年　月　日

120°(E)标准时　时　分

国际标准时　时　分

P　：_____
P。：_____
L。：_____
L=：_____

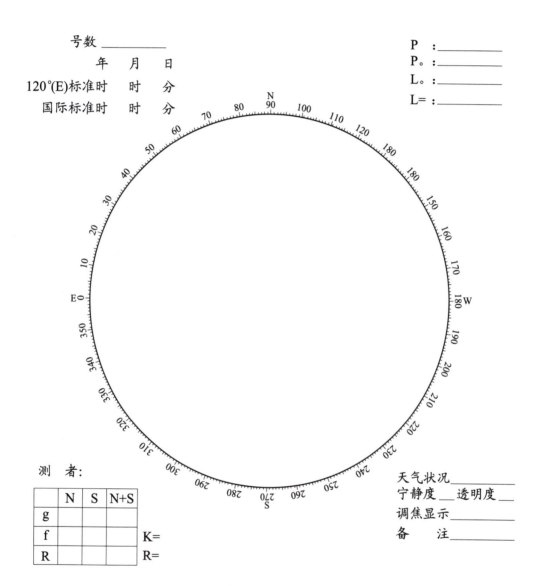

测　者：

	N	S	N+S
g			
f				K=
R				R=

天气状况 _____
宁静度 ___ 透明度 ___
调焦显示 _____
备　注 _____

太阳黑子描位图

参 考 文 献

[1] ［英］罗宾·克罗德，贾尔斯·斯帕洛. 宇宙 ［M］. 北京：科学
    出版社，2008.

[2] 日本株式会社学习研究社. 宇宙 ［M］. 郑州：河南科学技术出版
    社，2004.

[3] 刘主富. 基础天文学 ［M］. 北京：高等教育出版社，2004.

[4] 刘学富，李志安. 我爱天文观测 ［M］. 北京：地震出版社，
    1999.

[5] 崔石竹. 天文馆里的奥秘 ［M］. 北京：农村读物出版社，2005.

[6] 景海荣，詹想. 相约星空下 ［M］. 北京：科学技术出版社，
    2011.

[7] 丁章聚. 天文知识大观 ［M］. 北京：时事出版社，2009.

[8] ［加拿大］艾伦·戴尔. 太空探秘 ［M］. 姜超，译. 北京：中央
    翻译出版社，2008.

[9] 北京天文馆 http：//www. bjp. org. cn

[10] 星空天文网 http：//www. cosmoscape. com

[11] 网上KAGAYA 星空壁纸

注：本书还选用了《天文爱好者》中的一些图片和资料，更多文献及
    图片未及一一说明出处，在此一并表示诚挚的谢意，并向给予大力
    支持、指导与帮助的专家表示衷心的感谢。

北京市海淀区中关村第三小学科技教育校本教材

宇宙奥秘（下册）

北京市海淀区中关村第三小学宇宙奥秘编写组　编

北京理工大学出版社
BEIJING INSTITUTE OF TECHNOLOGY PRESS

图书在版编目（CIP）数据

宇宙奥秘：全2册／北京市海淀区中关村第三小学《宇宙奥秘》编写组编. —北京：北京理工大学出版社，2011.8
　ISBN 978-7-5640-4892-1

Ⅰ．①宇…　Ⅱ．①北…　Ⅲ．①宇宙－少年读物　Ⅳ．①P159-49

中国版本图书馆CIP数据核字（2011）第155147号

出版发行／北京理工大学出版社
社　　　址／北京市海淀区中关村南大街5号
邮　　　编／100081
电　　　话／(010)68914775(办公室)　68944990(批销中心)　68911084(读者服务部)
网　　　址／http：// www. bitpress. com. cn
经　　　销／全国各地新华书店
印　　　刷／北京市凯鑫彩色印刷有限公司
开　　　本／787毫米×1092毫米　1/16
印　　　张／14.25
字　　　数／285千字
版　　　次／2011年8月第1版　　2011年8月第1次印刷　　　责任编辑／申玉琴
印　　　数／1～1100册　　　　　　　　　　　　　　　　　　责任校对／周瑞红
总　定　价／70.00元（上、下册）　　　　　　　　　　　　　责任印制／边心超

图书出现印装质量问题，本社负责调换

序

　　一个民族有一些关注天空的人，他们才有希望；希望同学们经常地仰望天空，学会做人，学会思考，学会知识和技能，做一个关心国家命运的人。

　　中关村三小的孩子们，让我们跟随《宇宙奥秘》探寻宇宙的真谛，成为关注天空的人。

高雪东

银河系有多大？
太阳为什么会发光？
地球是正圆的吗？
月亮为什么有圆缺？
地球之外有生命吗？
这些令人神往的问题，你一定感兴趣吧？
《宇宙奥秘》将带你进入天文学科，为你揭开谜底。

世界上唯有两件东西能够深深震撼我的心灵：一件是我们心中崇高的道德准则；另一件则是我们头顶上的灿烂星空。

——康德

知识链接 0.0.1

天文与气象

天文，《辞海》中的解释为："天文是有关日、月、星等天体现象的通称。有些人把风、云、雨、露、霜、雪等都叫做天文现象，但风、云等现象发生在地球大气圈内，属气象学研究的范围。天文学只以日、月、星等天体为研究对象。"

天文学是研究天文的学科，其研究对象是天体。发现天体的存在，测量天体的位置，研究天体的结构，探索天体的运动和演化规律，引导人们对宇宙物质世界的认识达到更深更广的境界，是它的任务。

气象，用通俗的话来说，它是指发生在天空中的风、云、雨、雪、霜、露、虹、晕、闪电、打雷等一切大气的物理现象。天气，是指影响人类活动的瞬间气象特点的综合状况。例如，我们可以说"今天天气很好，风和日丽，晴空万里；昨天天气很差，风雨交加"等，而不能把这种天气说成是气象。气候，是指整个地球或其中某一个地区一年或一段时期的气象状况的多年特点。例如，昆明四季如春；长江流域的大部分地区春秋温和，盛夏炎热，冬季寒冷，我们就称这里是"四季分明的温带气候"；每年的 7 月下旬和 8 月上旬是北京的雨季。

目　　录

第4章 我们的星系——太阳系

太阳

火星

地球

金星

水星

星团

彗星

木星

土星

天王星

海王星

星云

第三节　行　星

 我们的家园——地球

地球资料

名称来源：古日耳曼语中表示"陆地"或"泥土"

发现时间：自古便知

距离太阳：1.496 亿千米

体积：10 860 亿立方千米

地心引力：9.8 米/平方秒

直径：12 756 千米

表面温度：－88 ℃～58 ℃

卫星数量：1

自转/公转周期：23 小时 56 分/365.25 天

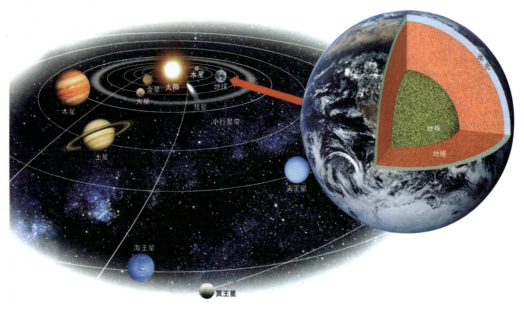

地球

我们的家园——地球是太阳系中唯一有人类的星球，这里演绎着生态和谐、五彩缤纷、周而复始的生命奇迹，是宇宙中最美好的星球之一。

地球直径 12 756 千米，质量约为 60 万亿亿吨。离太阳平均距离为 1.496 亿千米，这个距离称为 1 个天文单位（AU）。太阳光到地球仅需 8 分 18 秒，所以地球在太阳系中占有得天独厚的天然条件。

地球的表面重力为 1。

（一）认识地球

地球是太阳系中一颗中等大小的行星，也是太阳系中唯一适宜人类生存和发展的星球。对于生活在地球上的人来说，地球是很大的，但从人类已知的整个宇宙来看，太阳系不过是银河系中一位极普通的成员，地球只是太阳系中的一颗普通的行星。地球的大小、运动及太阳的相对位置都恰到好处，使到达地球的太阳能量足以维持地球上的生命，但又不致太多而使水蒸发掉，这都是地球上生命存在的基础。地球还给人类提供了空间、环境、资源等一切赖以生存与发展的条件。

人们公认古希腊哲学家毕达哥拉斯是第一位提出地球是球体的人。之后，亚里士多德根据月食时月面出现的圆形地影，给出了地球是球形的第一个科学证据。1622 年，葡萄牙航海家麦哲伦领导的环球航行证明了地球确实是球形的。17 世纪末，牛顿研究了自转对地球形态的影响，认为地球是一个赤道（半径 6 378 千米）略鼓、两极（半径 5 356 千米）略扁的球体。

（二）地球的结构

地球的结构由地球内圈和地球外圈组成。

1. 地球内圈由内向外分为地核、地幔和地壳，组成一个固体地球。

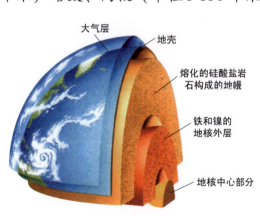

地球的结构

（1）地核。地核是地球的核心部分，主要由铁、镍元素组成，半径为 3 480 千米。靠近地心的部分内核为固体核心，靠近地幔的部分外核为液体核圈。

（2）地幔。地幔是位于地壳与地核之间的中间层，平均厚度为 2 800 千米，整个地幔总体上呈固态特征。

（3）地壳。地壳是地球结构的最外层，地壳厚度一般为 35～45 千米，喜马拉雅山区的地壳厚度可达 70～80 千米。

2. 地球外圈由大气圈、水圈、生物圈组成，构成我们人类生存的主要环境。

（1）大气圈。大气圈也叫大气层，是地球外圈中最外部的气体圈层，它包围着海洋和陆地，是地球上存在生命的条件之一。大气圈没有确切的上界，在 2 000～16 000 千米高空仍有稀薄的气体和基本粒子。在地下，土壤和某些岩石中也会有少量空气。所以，它们也是大气圈的一个部分。

地球大气的主要成分是氮（占总体积的 78.08%）和氧（占 20.95%），此外还有水汽、二氧化碳和稀有气体等。地球大气从下向上主要分为四层：对流层、平流层、中间层和热层。大气质量的 90% 集中在对流层，大气温度随高度的升高而降低，在此层主要发生上下对流运动，水汽主要集中在近地表，云、雨等天气变化也集中在此。

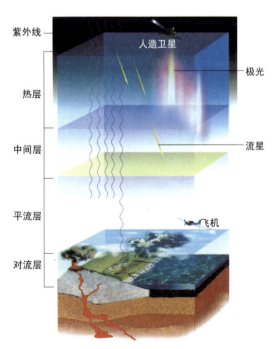

地球大气层

（2）水圈。地球上的水以气态、液态和固态三种形式存在于空中、地表与地下，成为

大气水、海水、陆地水（包括河水、湖水、沼泽水、冰雪、土壤水、地下水）以及存在于生物体内的水，这些水不停运动和相互联系着构成水圈。

地球资源与污染

（3）生物圈。生物是指有生命的物体，包括植物、动物和微生物。经过漫长的进化和选择，生物在地球上形成了一个独特的圈层——生物圈。这在太阳系的其他星球是绝无仅有的。

大气环境的污染，水资源的浪费和破坏，生态系统的打乱，一个又一个人类和一切生物得以生存的物质基础遭到了严重破坏，给自然环境带来严重后果。所以我们应该小心守护好我们赖以生存的环境，合理利用和保护生态资源，促进生态平衡，加强物质循环利用，这也是保护我们自己。

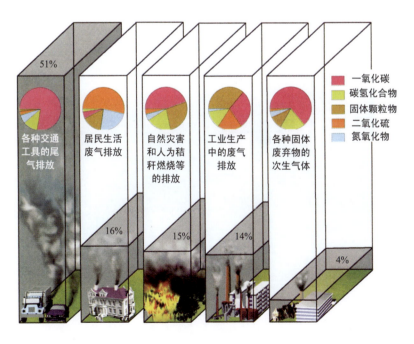

大气污染源

废纸等运往造纸厂去掉油墨，溶成纸浆后可制成新纸。

旧衣服或废布可用来覆盖工厂的机器，若拆开成线，可再制成毛毯、厚布、棉手套等。

铁罐经熔化之后可再制成新铁制品或建筑用的钢材等。

从矿石原料到制作一个新铝罐所消耗的能源可制作30多个再生铝罐。

瓶子区分好颜色之后弄碎或熔解，可再制造成新的瓶子，而且部分玻璃瓶清洗消毒后可直接再利用。

循环利用

废弃物的循环利用

（三）地球的自转与昼夜

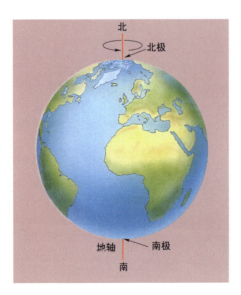

地球围绕着地轴自转

每天早晨太阳从东方升起，傍晚从西方落下。其实，这并不是太阳本身的升起和落下，而是地球在自转，地球绕地轴自转一周约为 23 小时 56 分，这就是地球的一天。由于地球是一个不发光、不透明的球体，所以在同一时间里太阳只能照射地球表面的一半。太阳光照射到的地方就是白天，背着太阳的地方就是黑夜。这样我们既能在温暖灿烂的阳光下工作学习，又能在温馨美梦的长夜中得到足够的休息。

地球的自转与昼夜

地球自转一周大约需要 23 小时 56 分。所有生活在地球上的人类也会随着地球一起转动。图中，观测点 1 日出时，观测点 2 是中午，观测点 3 是日落，观测点 4 则是深夜。

（四）地球的公转和四季

地球绕太阳的运动叫公转，地球绕太阳公转一周约为 365.25 天，这就是地球的一年。

地球在绕太阳运行时，地轴与地球公转轨道面不是垂直的，夹角呈 23.5°，季节由此而产生。北半球的夏季，太阳高度角较大，北半球得到了更多的光照和温度，到了冬季则恰好相反。

四季的形成是由于地轴与地球公转轨道之间的夹角变化，而不是因为地球与太阳之间距离的变化。

12 月 21 日或 12 月 22 日，北半球正午太阳高度最低。而在 6 月 21 日或 6 月 22 日，北半球正午太阳高度最高。但是 7、8 月份才是一年中最热的时候，因为海洋、陆地和空气只能慢慢变热，所以在太阳高度角达到最大之后一段时间里，温度才慢慢达到最高。

从理论上讲，正午 12 点太阳就会达到正南方天空的最高位置。然而，人们已经知道，正午 12 点太阳并不总是在正南方。当太阳在正午

12 点到达正南上空时，这个 12 点指的是当地时间，在这个时刻，垂直竖立在地面上的棍子影子最短。然而，由于地球公转轨道不规则，太阳并不是每天都会准时到达正南方上空。

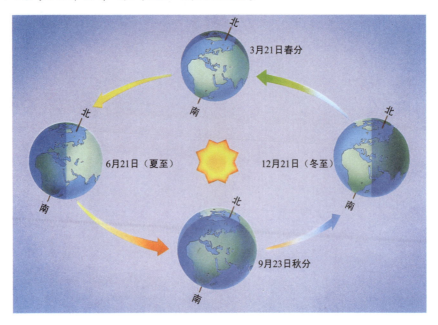

地球的公转与四季（一）

地轴与地球公转轨道并不是垂直的，季节由此而产生。北半球的夏季，太阳高度角较大，北半球得到了更多的光照和温暖。到了冬季则恰好相反。

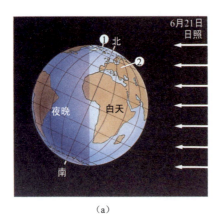 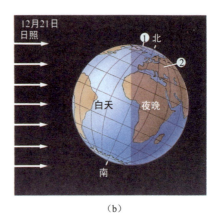

（a）　　　　　　　　　　　　　　　（b）

地球的公转与四季（二）

（a）北半球夏至日（6 月 21 日）：① 北极点始终在太阳的照射下，出现极昼；② 北半球白天比夜晚长。（b）北半球冬至日（12 月 21 日）：① 北极点根本见不到太阳，出现极夜；② 北半球夜晚比白天长。

（五）地震

地震是一种在相当大的范围内发生的地面震动现象。这种地面震动是由地震波携带的巨大能量造成的。强烈的地面震动可以在几分钟甚至几秒钟内造成自然景观和人工建筑的破坏，如山崩、地裂（地表可见的断层和地裂缝）、滑坡、江河堵塞、房屋倒塌、道路开裂、铁轨扭曲、桥梁断折、堤坝溃决、地下管道毁坏等。

地球内部的岩石等介质在地质构造力的作用下，会发生形变并积蓄能量，当岩石的形变量超过岩石的强度时，岩石就会发生断裂和错动，形成震源，使周围介质发生机械振动，积蓄的能量也快速释放，其中一部分以地震波的形式向各个方向传播，携带巨大能量的地震波传到地表便导致地面震动。

地震是突如其来的。由于地震的危害性，人类一直在努力地观测、了解地震并试图作出预测。

地震发生时，我们应有序避险，减少地震造成的危害。在避险中应遵循以下原则：

1. 平房避险：应迅速向室外跑。来不及跑出户外时，可躲在桌下、床下或坚固家具旁，注意保护头部，并用衣物捂住口鼻；正在用火时，应随手关掉煤气或电源，然后迅速躲避。

2. 楼房避险：迅速远离外墙及门窗，可选择厨房、洗手间等开间小、不易塌落的空间避震，震后撤离不要跳楼，也不能使用电梯。

3. 户外避险：避开高大建筑物，远离高压线及石化、化学、煤气等有毒工厂或设施；正在行驶的车辆应当紧急停车。

4. 野外避险：野外要避开山脚、陡崖，以防止山崩、滚石、泥石流等。

5. 公共场所避险：在学校、车站、剧院、教室、商场等场所，就地择物躲藏，伏而待定，震后有序撤离到室外空旷地。

6. 震后注意不要急于回室内，以防余震。

7. 被埋者要保存体力。如果震后不幸被废墟埋压，要尽量保持冷静，设法自救。无法脱险时，要保存体力，确认有人时再呼救；尽力寻找水和食物，创造生存条件，耐心等待救援。

活跃的地球

乍一看，地球表面好像是很安静的，实际上经常出现火山爆发、岩浆喷出，或遭到大地震的袭击。经过长时间的活动，地壳隆起形成新的山脉。另外，正如我们所了解的那样，现在大陆还在一点一点地移动着。研究者认为：之所以会发生这样的地壳运动，是因为地球内部存在着足以把铁融化的高温。

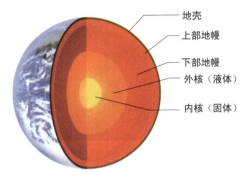

地壳
上部地幔
下部地幔
外核（液体）
内核（固体）

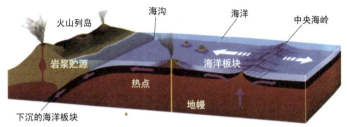

火山列岛　　海沟　　海洋　　中央海岭
岩浆贮源　　海洋板块
下沉的海洋板块　　热点　　地幔

● 地球表面和内部的情况

地球外部相当于蛋壳的部分是"地壳"，地壳下面相当于蛋白的部分是"地幔"，再下面相当于蛋黄的部分叫做"地核"。地壳和地幔的上部一体化之后形成了板状结构，被称为"板块"。覆盖地球的板块分裂为十几块，随着其下部的物质活动，地球表面也在移动着。在板块相互碰撞或者相互分离的地方，火山和地震等地壳活动非常频繁。

■ 海底的扩张及其结构

在大西洋海底有大致横断在其中部的大山脉"中央海岭"。20世纪60年代勘察时发现，以这个海岭为界，两侧的海底每年以数厘米的速度在离开（海底在扩张）。研究者认为：现在，在中央海岭等海岭处，还在不断地从地球内部涌出熔岩，这些熔岩又不断形成了新的板块（新的海底）。

⬇地球内部物质的动向和板块运动的模型
地球表面的板块，是由于地球内部物质的热量引起对流才发生移动的。从地幔下面流过，或使地幔上升或使地幔下沉的物质流，被称为软流层，它被认为是板块运动的原动力。

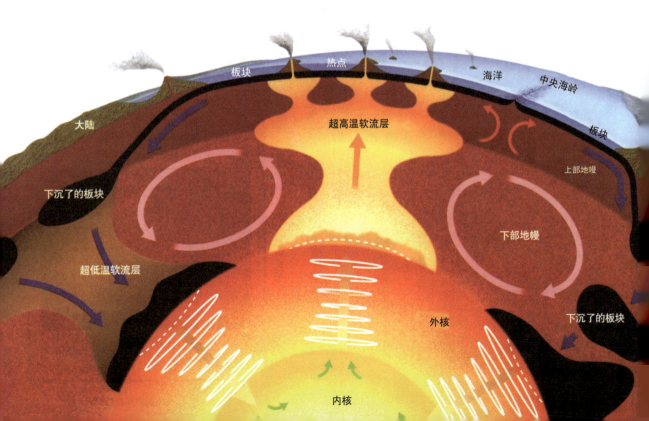

板块　　热点　　海洋　　中央海岭
大陆
超高温软流层
板块
上部地幔
下沉了的板块
下部地幔
超低温软流层
下沉了的板块
外核
内核

● 大陆的移动

从世界地图上可以很清楚地看出，大西洋两岸的南美洲大陆和非洲大陆的海岸线，呈现出了像拼图玩具一样相互吻合的形状。这一点引起了德国气象学家阿尔弗雷德·魏格纳的注意，于是他在1912年发表了"大陆漂移假说"。曾经只是一块的大陆逐渐分裂为几块，又不断地移动开来，形成了如今世界地图上所表示的这种形状。他认为：大陆的地壳是活动着的，地壳和地幔上部是紧密结合在一起的板块，而且现在还在不断地移动，大陆就是通过这种板块的移动进行着分裂或者合并的。并且认为，正是板块的运动才引起了火山和地震等地壳活动的发生，我们把这个理论叫做"板块构造学说"。

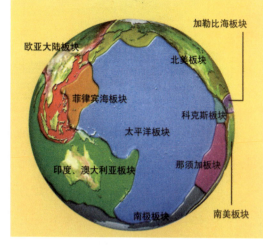

↑ **覆盖地球表面的板块** 地球表面是由数十个板块覆盖着的。日本位于四个板块的交界处，所以经常发生地震或火山爆发等。

1

原始大陆

陆地包括大陆架

1 1.9亿年前

大约在3亿年前，几块大陆合并在一起形成了巨大的原始大陆，这块大陆1.9亿年前再次开始分裂。

2 1.2亿年前

到了1.2亿年前，原始大陆分裂为北和南两块大陆。北面的大陆叫做欧亚大陆，南面的大陆叫做贡德瓦纳大陆。

3 6 500万年前

欧亚大陆和贡德瓦纳大陆各自分别进一步分裂，形成了接近现在的大陆的排列方式。但是，印度次大陆当时还离欧亚大陆很远。

4 现在

印度次大陆向北移动，与欧亚大陆合并，形成了如今的状态。

5 5 000万年后

下图是从目前的板块移动方向预测到的5 000万年后的世界地图。澳大利亚在不断地向北移动，且逐渐靠近欧亚大陆。

红色箭头表示移动方向

← 图4、5和图1～3的描绘方式不同，所以陆地的大小也不同。

探索与思考 4.3.1

1. 地球绕太阳运动称作＿＿＿＿＿＿，地球绕自转轴运动称作＿＿＿＿＿＿。

2. 日地距离大约是＿＿＿＿＿＿千米，称为是一个天文单位，英文标注为＿＿＿＿＿＿。

3. 地球内圈由＿＿＿＿＿＿、＿＿＿＿＿＿、＿＿＿＿＿＿组成。

地球外圈由＿＿＿＿＿＿圈、＿＿＿＿＿＿圈、＿＿＿＿＿＿圈组成。

4. 是什么因素导致地球上的昼夜和四季？

实验室 4.3.1

认识地球仪

为了便于认识地球，人们仿造地球的形状，按照一定的比例缩小，制作了地球的模型，这就是地球仪。

地球仪转动时，围绕旋转的轴叫做地轴，地轴通过球心，并与地球表面相交于两点。指向北极星附近的一端叫北极，另一端叫南极。地轴与底座的夹角是66.5°。

世界最早的地球仪是由德国航海家、地理学家贝海姆于1492年发明制作的。

中国地球仪的制作始于元代，由西域天文学家扎马鲁丁为元朝廷督造，球面上反映了地球表面的海、陆分布状况，属于原始的绘制方法。明万历年间意大利传教士利玛窦来华后，为向中国传授古希腊的地圆说，亲自制作地球仪，并著有《坤舆万国全图》。受其影响，明万历三十一年（1603年），学者李之藻制成一架地球仪。约在崇祯三年

（1630年），朝廷也制作了一架地球仪。这些地球仪上绘制了经纬网，扩充了我国此前的地球仪上只有27处观测点的纬度，包括了赤道、南北回归线、南北极圈的整个地球纬度，也弥补了我国此前不知经度的空白，并标注了五洲，使当朝人能了解西方地理大发现的新知识。继明之后，清初康熙皇帝敕命在朝的传教士会同一些朝廷官员制作地球仪，球面的图像、刻度及相关的文字叙述等大体沿用利玛窦的绘制方法。这架地球仪的制作从一个侧面反映出"地圆说"理论在

地球仪

中国得到巩固，也反映了当时中国对世界地理知识的认识水平。

知识链接4.3.1

傅　科　摆

傅科

　　为了证明地球在自转，法国物理学家傅科（1819—1868）于1851年做了一次成功的摆动实验，傅科摆由此而得名。

　　实验在法国巴黎的一个圆顶大厦进行，摆长67米，摆锤重28千克，悬挂点经过特殊设计使摩擦减少到最低限度。这种摆惯性和动量大，因而基本不受地球自转影响而自行摆动，并且摆动时间很长。在傅科摆实验中，人们看到，摆动过程中摆动平面沿顺时针方向缓缓转动，摆动方

向不断变化。分析这种现象，摆在摆动平面方向上并没有受到外力作用，按照惯性定律，摆动的空间方向不会改变，因而可知，这种摆动方向的变化，是由于观察者所在的地球沿着逆时针方向转动的结果，地球上的观察者看到相对运动现象，从而有力地证明了地球是在自转。

傅科摆放置的位置不同，摆动情况也不同。在北半球时，摆动平面顺时针转动；在南半球时，摆动平面逆时针转动，而且纬度越高，转动速度越快；在赤道上的摆几乎不转动。

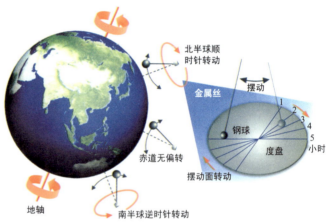

傅科摆

 实验室 4.3.2

傅 科 摆

一、试验目的

认识地球的自转。

二、试验准备

大容量塑料瓶、细沙、挂钩、螺丝钉、细铁丝、大白纸、50毫米长铅笔、橡皮泥。

三、试验程序

1. 大容量塑料瓶内加入容积9/10的细沙。

2. 在瓶盖的中央用螺丝钉钻一小孔，细铁丝自孔中穿出一头固定在瓶盖内并与装好细沙的塑料瓶连接，检查连接牢固和承重能力。

3. 在高于地面5米处固定挂钩，检查固定的安全性，将细铁丝的另一头固定在挂钩上，使塑料瓶离地面200毫米。

4. 在塑料瓶底部中心位置固定好短铅笔，使铅笔笔尖垂直于地面。

5. 大白纸固定在地面通过纸面中心画十字线，笔尖指向十字线中心。

6. 移动塑料瓶使瓶大幅度地摆动，并在初始位置标注记号，每隔15分钟在白纸上做一次塑料瓶摆动位置标记。你会发现摆的方向随着地球的自转而慢慢地改变。

（六）地球的卫星——月球

月球资料

名称来源：古希腊神话中的女神

发现时间：自古便知

距离地球：36.33～40.55万千米

质量：7 350亿吨

直径：3 475千米

表面温度：−233 ℃～123 ℃

自转/公转周期：27.32天/27.32天

月球与地球的大小

月球是地球唯一的天然卫星，是离地球最近的天体，它绕地球转动，同时又随地球一起绕太阳公转。

在太阳系各大行星的卫星中，月球是不寻常的，月球直径 3 475 千米，大小约为地球的 1/4，质量大约是地球的 1/81。这使它成为夜空中最明亮的天体。

月球的表面重力为 0.17。

1. 月球结构。月球结构分为核、幔、壳三层。

月壳：月壳是月球的最外层，平均厚度为 70~75 千米。

月幔：月幔位于月壳、月核之间，平均厚度为 1 300 千米左右。

月核：月核位于月球中心，半径 450 千米左右。

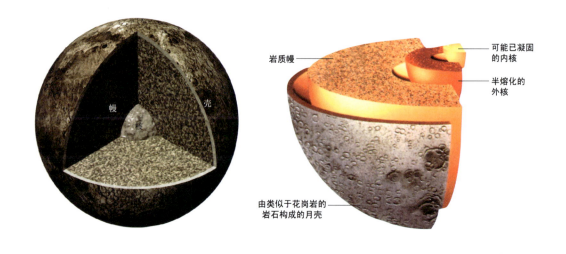

月球的结构

2. 月球的公转与自转。月球沿着椭圆轨道绕地球运动，月地距离在 36.33~40.55 万千米，约相当于地球直径的 30 倍。月球本身在自转，其自转周期和绕地球公转轨道运动的周期相同，都是 27.32 天。所以月球总是同一面转向地球。

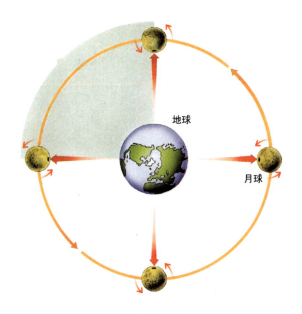

月球的公转（一）

月球绕地球公转时，面向我们的总是同一面，因为它公转1/4的同时也自转1/4。

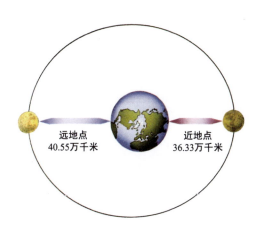

月球的公转（二）

月球公转轨道不是标准圆形，月地之间的距离在 36.33～40.55 万千米。

3. 月球的表面。遥望月球，我们发现月面上有明有暗。这些大面积暗区我们称之为月海，亮区我们称之为月陆。而月陆上另一类地貌特征就是环形山。

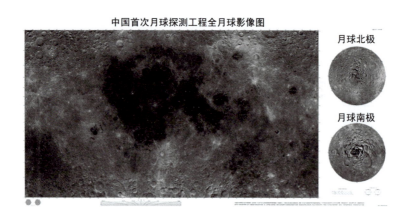

中国首次月球探测工程全月球影像图

月球北极

月球南极

嫦娥一号全月图

月海是由凝固的熔岩构成的盆地。用望远镜看到月面的暗区就是月海，当然月海里一滴水也没有，它是广阔的平地。月海绝大多数分布在朝向地球的一面，如"雨海""澄海""危海""丰富海""酒海""云海""冷海""静海""湿海"，最大的叫"风暴洋"。

月球上的亮区是高出月海的月陆和山脉。连绵险峻的高山，最高峰达 8~9 千米，比地球上的珠穆朗玛峰还要高。环形山为数众多，直径大于 1 千米的环形山有 3 万个以上；最大的环形山直径有二三百千米；最深的环形山是牛顿环形山，深达 8 700 多米。较为年轻的环形山一般都有辐射纹，从望远镜中看去，它们像棕树叶似的铺展开去。著名的哥白尼环形山、第谷环形山都有辐射纹，它们向外延伸长达 1 000 多千米。月面上也有一些绵延数百千米的山脉，最长的亚平宁山长达 640 千米。此外，月面上还有长数百千米、宽几千米至几十千米的大裂缝（称作月谷），好像地球上的大峡谷。

月球上的环形山是天体撞击形成的，而月海则是地下熔岩流出后留下的痕迹。

　　月球正面有广阔的被称为月海的平坦而黑暗的地带，这就是它的特征之一。年轻的环形山呈放射状向外延伸的白色线条非常醒目。

月球正面的环形山

　　1. 柏拉图；2. 亚里士多德；3. 欧多克索斯；4. 赫拉克勒斯；5. 博弈西多尼乌斯；6. 阿基米德；7. 阿里斯塔科斯；8. 克里奥梅德斯；9. 埃拉托色尼；10. 普利尼乌斯；11. 哥白尼；12. 朗斯百路格；13. 弗拉毛罗；14. 黑琶路考斯；15. 托勒密；16. 格里马迪；17. 弗兰姆斯帝；18. 朗格雷努斯；19. 阿来索；20. 阿尔扎赫；21. 伽桑迪；22. 弗拉卡斯托里斯；23. 普巴赫；24. 皮考罗密尼；25. 佩塔维乌斯；26. 佛卢奈留斯；27. 第谷；28. 西卡尔德；29. 詹森；30. 隆哥蒙塔努斯；31. 克拉维斯

　　月球的背面和正面不同，几乎没有月海地区，而是由无数个环形山所覆盖。

月球背面的环形山

　　1. 伯克霍夫；2. 达朗贝尔；3. 坎贝尔；4. H. G. 威尔兹；5. 福勒；6. 托朗布拉；7. 菲兹杰拉卢多；8. 考玛劳弗；9. 摩尔斯；10. 长冈；11. 马赫；12. 安达索；13. 赫兹伯伦；14. 门捷列夫；15. 科罗廖夫；16. 伊卡洛斯；17. 茶布里金；18. 基勒；19. 伽罗瓦；20. 艾特肯；21. 齐奥尔科夫斯基；22. 加加林；23. 巴甫洛夫；24. 奥本海默；25. 阿波罗；26. 莱布尼兹；27. 焦耳；28. 风卡鲁曼；29. 切比谢夫；30. 庞加莱

为什么月球不会掉落到地球上来?

地球对月球产生引力。如果我们能让一直在绕地球旋转的月球静止不动,那么它会在停下来的瞬间越来越快地冲向地球,最终撞击在地球上。

当然,这是不可能发生的。有史以来月球一直在以每小时 3 659 千米的速度绕地球公转,由此产生了一股向外的离心力,它的大小与向内的地球引力一致。这两种方向相反的力量会相互抵消,所以月球依然安全地运行在自己的轨道上。

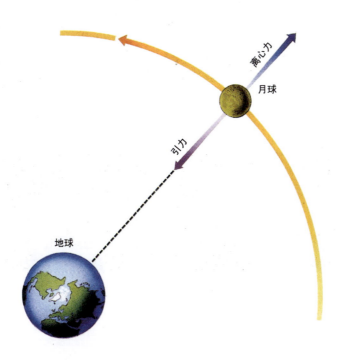

离心力＝引力导致月球永远绕着地球公转

4. 月相。月球本身不发光，但它通过反射阳光而明亮。在它绕地球运转期间，月球的圆盘看起来会呈现出不同形状，这就是月相。月相周期为29.5天，月相从农历初一开始，依次呈现朔月、娥眉月、上弦月、凸月、望月、凸月、下弦月、残月。

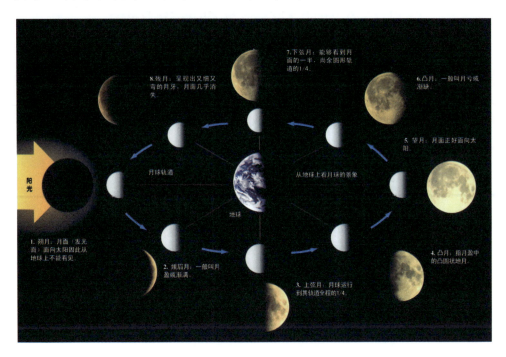

月球轨道和月相

娥眉月、上弦月、凸月、望月、凸月、下弦月、残月

5. 一轮新月。新月时，月亮刚刚位于太阳东边一点儿，或者说后面一点儿。太阳没有落山时它被太阳光淹没，当太阳一落山，它就露出来，出现在西边的天空上。此时，太阳在它西边的地平线下，月亮的西边靠近太阳，所以西边被太阳照亮，东边是暗的。在北半球，月

亮出现在偏南的天空中，所以，人们要面向西南才能看到它。面向南，那么西边就在右边，所以新月看上去右边亮，是反C。如果在南半球，月亮出现在偏北的天空中，所以，要面向西北才能看到它。面向北，那么西北就在左边，所以新月看上去左边亮，是C。

同时一弯新月，相对南、北半球的人来说，看上去弯曲的方向截然相反。但是，新月，在地球不同地方看，不是左边亮（C），就是右边亮（反C）吗？不是。还有一种情况，就是下边亮。如果你刚好在赤道上看新月，就会看到这样的景观。因为，太阳刚好位于月亮的下方！

北半球新月

南半球新月

赤道新月

反C形新月

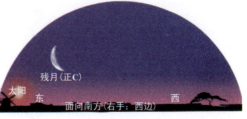

正C形残月

6. 日落时的月相和位置。许多人认为只有夜晚才能看到月亮，这是不对的。朔月时月亮与太阳同升同落，上弦月时月亮比太阳升起的时间推迟6小时，只有望月前后月亮出没的时间才与太阳相反。

月牙挂在太阳落山后的西边的天空上。然后，随着时间一天天过去，月亮一天天变大，并逐渐向东方的天空移动。待到变成上弦月（半月形）时，正好出现在傍晚南方的天空。而满月时的月亮则在太阳一落山时就从东方的天空升起。满月之后，月亮就逐渐延迟出现，出来得一天比一天晚，在变成新月之前，月亮升起在日出前的东方的天空。

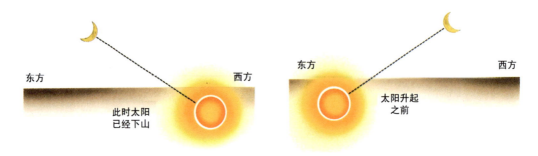

日落后上弦月位置

上弦月处于太阳的左侧或是东方。在太阳下山后，它会出现在夜空中。

日出前下弦月位置

下弦月处于太阳的右侧或是西方，出现在太阳升起之前的夜空中。

月相与起落时间

农历时间	月相	图形	升起时间	中天时间	下落时间
初一	朔月	●	6:00	12:00	18:00
初三、四	娥眉月	◐	9:00	15:00	21:00
初七、八	上弦	◐	12:00	18:00	24:00
十二、三	凸月	◑	15:00	21:00	3:00
十五、六	望月	○	18:00	24:00	6:00
十七、八	凸月	◓	21:00	3:00	9:00
廿二、三	下弦	◑	24:00	6:00	12:00
廿七、八	残月	◖	3:00	9:00	15:00

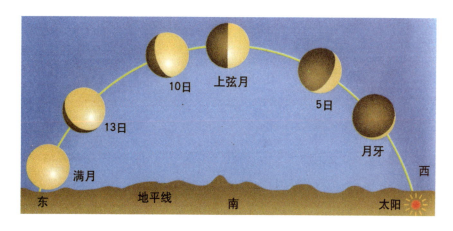

月相、位置与日落

7. 为什么太阳和月亮会循环升落？

我们的地球像旋转木马一样每天都在自转，它自转的周期是24小时。我们人类生活在地球的表面，也随着地球在转动。如果我们所处的半球恰好面对太阳，那么这时就是白天；如果我们背向太阳，则是晚上。当夜晚结束时，我们所在的这一面又转向了太阳，直到它出现在地平线上。这时，我们就会说太阳升起来了。

月亮的状况也是这样。它并不是自己在东升西落。我们生活的地球不断地自西向东自转，所以我们会产生这样的错觉，觉得月球在沿相反的方向绕我们运

地球的自转产生了白天与黑夜。

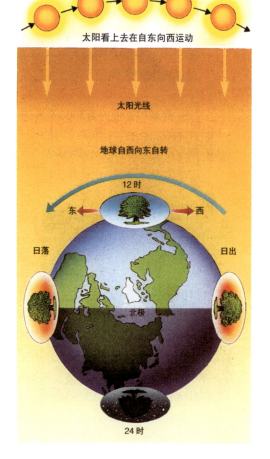

太阳、月球循环升落

行：它在地平线上升起，自东向西移动，最后消失在地平线下。

但是由于月球处于轨道上的位置不同，它在升起与落下时并不会正好出现在正东和正西位置，它有可能会在东北或者东南方升起。由于地球的自转平面和公转平面有一个夹角，所以太阳也会发生类似的情况。此外，月球也在缓慢地自西向东绕地球公转，所以它升起的时间每天都会推迟大约50分钟。

8. 月球资源。月球资源主要来自于月壤。月壤中含有大量地球上稀有的金属钛，硬金属锆、铱、铍的含量也很丰富。月壤中还含有丰富的气体（氢、氦、氖、氩、氮等）资源，其中核聚变燃料氦气含量极为丰富。

9. 月球的物理性质与地球不同，人在月球上会有许多与众不同的特殊感受。月球表面几乎没有空气，无法传播声音，所以在月球上如果不借助特殊的仪器，即使有个人站在你面前大喊大叫，你也听不到任何声音。由于月球上没有空气，月球表面被太阳照射到的地方，温度高达123 ℃，没有被太阳照射的地方温度则为 −233 ℃。人类乘宇宙飞船到月球上去，在这两种地区降落都不行，可以降落在这两种地区相交的地方，那里温度不太高也不太低。

月球上的第一个脚印

（阿波罗11号宇航员阿姆斯特朗的脚印）

月球上没有水蒸气，自然也就没有雨、雪、雹、云、雾、霜、露等与水有关的天气现象。月球上也有东南西北，但是不能用指南针辨别方向，因为月球磁场非常弱，磁针转动不灵，所以宇航员多根据太阳的影子来推算方向。

月球自转的速度很慢，在月亮上的一天要比在地球上长得多。月亮上一整个白昼要经过约330个小时，再经过那么长时间的夜晚才能

完成一天。准确地讲，地球一昼夜是 23 小时 56 分 4 秒，那么月亮的一昼夜就相当于地球上的 27.32 天。

人在月球上行动多有不便，科学家们为什么还对月球特别感兴趣呢？这主要有以下几个原因：月球是离地球最近的一颗星球，人类如果移民，那么它将是最近的归宿；月球离地球近，相对其他星球比较容易输送物资，可作为人类了解其他星球的空间中转站；而且月球上几乎没有空气，这便于人类观测其他星球。

宇航员欧文和阿波罗 15 号

探索与思考 4.3.2

1. 在地球上，为什么我们只能看到月球的一面，而另一面则无法看到？

2. 月球上的环形山、月海是怎样形成的？

实验室 4.3.3

月 相 演 示

一、试验目的

了解月相的形成。

二、试验准备

标有刻度直径 800 毫米、直径 600 毫米的圆形轨道基盒，直径 60 毫米黑色球，24 V 安全灯，电源及电源线。

三、试验程序

1. 将圆形基盒、灯及电源按图安装好。

2. 关闭室内灯光，拉上窗帘使室内暗下来。

3. 观测者尽可能远离基盒，操作者沿轨道慢慢推动黑色的球，观测者仔细观测球面明暗的变化。

4. 对照文中"月球轨道和月相"图理解月相的成因。

月相演示模型

月 相 演 示

时 间	年 月 日	地点	
试验物品			
距离基盒	米		
影 相 描 述			
0°			
45°			
90°			
135°			
180°			
225°			
270°			
315°			
0°			
观测者			

知识链接4.3.3

月球上的人名

月球上的撞击坑多以人名命名，至今被命名的撞击坑有1 333个之多。月球正面的撞击坑大多以古代名人命名，月球背面的撞击坑，则以近现代科学家的名字命名，如爱迪生、门捷列夫、巴甫洛夫、居里夫人、宇航之父齐奥尔科夫斯基等。1935年，国际天文学联合会开始对月球地貌命名实行标准化管理。

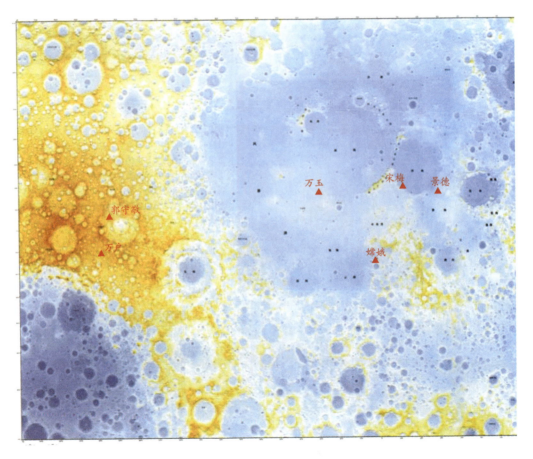

中国人名在月球表面

　　给月球上的地貌取名，最早开始于17世纪的意大利天文学家伽利略。伽利略从1608年开始用望远镜观察月球，并把月面上最明显的高山，用他家乡的亚平宁山脉命名。

　　我国历史上有着长达数千年完整、系统的天文观测记录。我国古人通过对月球的长期观测与研究，在古代历法的制订、日食和月食的成因分析、宇宙结构理论的形成、潮汐现象的解释等方面，作出了创新性的贡献，形成了中华民族对月球的科学认识。

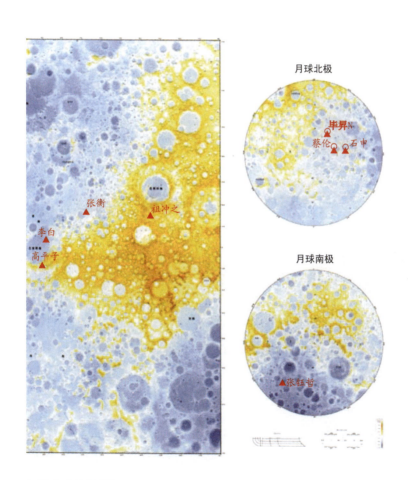

上的分布示意图

1651 年，意大利天文学家里乔利在其出版的一本关于月球的书籍中描绘了一幅直径为 28 厘米的月面图，在这幅月面图中，里乔利把月面的暗区称为"海"，赋予它们及其浪漫的名称，比如雨海、静海、虹湾、风暴洋等。而对于撞击坑，则采用了古代科学家和哲学家等著名人物的名字。里乔利的命名体系被当时的人们所接受，并一直流传下来。但是在里乔利的时代，东西方文化科学交流很少，我国古代许多对人类有巨大贡献的科学家和哲学家，却不为西方人所知。在里乔利的命名表中，没有一个中国科学家、哲学家等名人的名字。

1970 年，中国成功发射了自主研制的人造地球卫星，至此，月球上第一次出现了中国人名字命名的地貌。目前，共有 14 个中国人名命名了 19 个月球地理实体，包括 12 个撞击坑、2 个月溪和 5 个卫星坑。其中 5 人的名字留在月球正面，其他人均在月球背面。他们对人类科学和社会进步的突出贡献和影响，受到了全世界的认可。他们是中国古代科学家祖冲之、张衡、郭守敬和石申，近代天文学家高平子、张钰哲，明朝官员万户，神话人物嫦娥，诗人李白，发明家毕昇、蔡伦，还有非特定人物景德。1976 年和 1985 年，有两条月球正面的月溪，国际天文学联合会用两个中国妇女的名字命名，她们分别是万玉和宋梅。遗憾的是，由于文献资料的缺乏，至今无法确认这两位中国女性指的是谁。

知识链接 4.3.4

氦 3

月壤中含有丰富的气体（如氢、氦、氖、氩、氮等）资源，尤其是核聚变燃料氦 3 含量极为丰富。初步估算，月壤中氦 3 的资源总量可达 100 ~ 500 万吨。建设一个 500 兆瓦的氦 3 核聚变发电站，每年消耗的氦 3 仅需 50 千克，具有巨大的开发利用前景。在开发利用过程中还可提取多

种气体的副产品。现在整个地球能源的需求加起来，大约每年需要氦3是100吨。氦3的提炼可以利用月球白天和晚上的温差来完成，提取后用航天飞机运回地球。随着航天运载技术的提高和运输成本的降低，为人类拥有可长期使用的，清洁、安全、廉价和高效的月球资源提供了可能。

知识链接 4.3.5

中国探月工程的三个阶段
分别为"绕""落""回"

绕 第一阶段，研制和发射首颗月球探测卫星，实施绕月探测。这一阶段主要任务是研制和发射月球探测卫星，突破绕月探测关键技术，对月球地形、地幔、部分元素及物质成分、月壤特性、地月空间环境等进行全球性、整体性与综合性的探测，并初步建立我国月球探测航天工程系统。

落 第二阶段，进行首次月球软着陆和自动巡视勘测。主要任务是突破月球软着陆、月面巡视勘察、深空测控通讯与遥控操作、深空探测运载火箭发射等关键技术，研制和发射月球软着陆探测器和巡视探测器，实现月球软着陆和巡视探测，对着陆区地形地貌、地质构造和物质成分等进行探测，并开展月基天文观测。

回 第三阶段，进行首次月球样品自动取样返回探测。主要任务是突破采样返回探测器、小型采样返回舱、月表钻岩机、月表采样器、机器人操作臂等技术；在现场分析取样的基础上，采集关键性样品返回地球，进行试验室分析研究，深化对地月系统的起源与演化的认识。

嫦娥一号

2007年10月24日18时05分，在西昌卫星发射中心，长征三号甲运载火箭携带"嫦娥一号"卫星顺利升空。"嫦娥一号"开始了奔月之旅。在"嫦娥一号"卫星飞向38万千米外月球的过程中，经过326个小时的飞行，顺利实施了4次加速、1次中途轨道修正、3次近月制动共8次变轨，经历调相轨道、地月转移轨道、月球捕获轨道3个阶段，总飞行距离约180万千米。11月7日，"嫦娥一号"卫星成功进入127分钟环月工作轨道。这是卫星绕月飞行的工作轨道，这个轨道为圆形，离月球表面200千米。

2007年11月26日，中国国家航天局正式公布了"嫦娥一号"卫星传回的第一幅月面图像，标志着中国首次月球探测工程取得成功。

2009年3月1日16时13分10秒，中国"嫦娥一号"卫星超期服役（原计划1年）成功撞月。在飞控中心控制下，以撞月方式结束494天的飞行之前，"嫦娥一号"向地面传回总量约为1.37 TB的科学数据。基于这些无偿与全世界共享的数据，中国诞生了首张全月图等科学成果，各国科学家发表论文100多篇。

嫦娥一号卫星探月任务：

1. 拍摄三维月球地形图。探月的第一项任务是绘制立体的月球地图。"嫦娥一号"卫星搭载1台CCD立体相机和1个激光高度计。激光高度计完成月面每个探测点（包括南北极的黑暗深坑）的海拔高度测量。这些数值与CCD立体相机拍摄的高精度图像相叠加，就组成了一幅完整而精确的月球立体地形图。

2. 探测14种元素分布。探月的第二项任务是探测月球上元素的分布。"嫦娥一号"卫星用伽马/X射线谱仪探测月球上14种元素的分布。这样就可以知道月球上分布着哪些资源，将来建月球基地时就可选择在资源富集的地区，通过开采月球资源，满足人类社会的需求。

3. 评估月壤厚度和氦3储量。探月的第三项任务是评估月球上土壤的厚度和氦3的资源量。"嫦娥一号"卫星上搭载了一台微波探测仪，这是世界上首次在探月卫星上装载微波遥感装置。它能探测物体

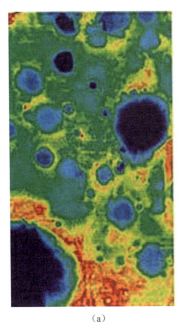

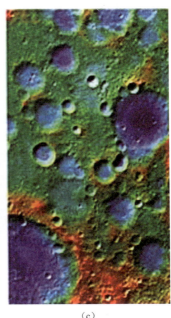

（a）　　　　　　　　　（b）　　　　　　　　　（c）

中国探月工程第一幅月面图

（a）三个视角影像处理形成的数字高程模型图；（b）正视影像与数字高程模型处理形成的正射影像图；（c）正射影像与数字高程模型处理形成的数字高程色彩编码地形图

的微波辐射强度，且具有穿透能力，可探测深埋的物体。科学家们利用该仪器可估算出月球土壤厚度和月球上氦3的总量及分布。氦3是地球上极其稀少的可替代石油的能源。

4.探测40万千米空间环境。探月的第四项任务是监测远至40万千米范围的空间环境，记录原始太阳风数据，研究太阳活动对地月空间环境的影响。"嫦娥一号"上的太阳高能粒子探测器和低能离子探测器，首次探测远至40万千米空间环境。这些关键数据对今后深空探测器的环境防护设计具有重要参考价值。

嫦娥二号

2010年10月1日18时59分57秒，搭载着"嫦娥二号"卫星的长征三号丙运载火箭在西昌卫星发射中心点火发射升空，并获得了圆满成功。

2008 年 11 月 12 日，"嫦娥一号"从距离月球 200 千米高空获取了"中国第一幅全月球影像图"。这一次，更值得国人期待的是："嫦娥二号"将从 15 千米近月点"睁开眼睛"，拍回未来"嫦娥三号"月球预选着陆区的高分辨率的三维影像图

2010 年 10 月 26 日 21 时 27 分，北京航天飞行控制中心对"嫦娥二号"卫星实施了降轨控制，约 18 分钟后，卫星成功进入了远月点 100 千米、近月点 15 千米的试验轨道，为在月球虹湾区拍摄图像做好准备。2010 年 11 月 8 日，国家国防科技工业局公布嫦娥二号卫星传回的"嫦娥三号"预选着陆区月球虹湾区域局部影像图。卫星运行平稳，数据传输顺利。

嫦娥二号探月任务：

1. 获取更高精度月球表面三维影像，分辨率优于 10 米（嫦娥一号的分辨率 120 米）；后续任务预选着陆区虹湾图像分辨率优于 1.5 米。

2. 探测月球物质成分。

3. 探测月壤特性。

4. 探测地月与近月空间环境。

月球虹湾区

嫦娥三号

将来"嫦娥三号"的使命比"嫦娥二号"更艰巨，不仅要绕月跑，还要在月球上软着陆，并住上一夜。由于月球自转和公转的原因，月球上的一夜相当于地球上的 14 天，所以，这一夜，相当地漫长。

"嫦娥三号"在月球上过夜的最大难题，是能否经受住温差考验。月球上最热的时候高达 123 ℃，最冷的时候是 –233 ℃，对仪器是不小的考验。"嫦娥三号"带着四套探测仪器升空，分别是：月球着陆探测器、月面巡视器、月面上升器和轨道返回器。除了这四套探测仪器，还有钻机、望远镜和雷达。钻机是用来钻探的，它将在月球上采集 2 千克月壤带回地球。别小看只有 2 千克，目前人类从月球上取回的月壤总共才 370 多千克。来自月球的"礼物"怎么接收呢？返回轨道器在靠近大气层的时候，并不是直接进入地球，而是又弹回去，以"弹跳式"进入地球。

在 2020 年左右，"嫦娥"可以在月球和地球之间自由来回；2025—2030 年，实现载人登月。

月球是人类进行深空探测的前哨战，并不是终极目标，最大的热点是火星。

中国登月车

实验室 4.3.4

认识月球仪

　　月球仪，就是月球模型，圆球状，球面绘有赤道、经线、纬线等月面坐标以及各主要环形山、山系、辐射纹、"海"等月面特征。

　　自从 1610 年意大利天文学家伽利略用望远镜观测月球以来，逐步发现了月球上的种种特征。随着科学技术的发展、探测方式的精准，对月球的认识也在不断地提高完善，为月球仪的制作提供了更多的科学依据。

　　夜空中面对我们的是月球的正面，这是我们能用肉眼看见、用望远镜观测和拍照的地区。月球的背面我们无法看到。在对月球观测时我们对照月球仪可以更好地了解月球表面各点的位置和名称。月球仪上用较粗的线条指示区分月球的正面和背面。

　　另外月球仪上凡是有中国人名标识的实体（都是古今的科学家）都用红色标注，在月球正面有一个中国人名——高平子；在背面的中国人名有张衡、祖冲之、郭守敬、石申等。此外阿波罗飞船的降落点，也有标

月球仪

识。同时还标注了"嫦娥一号"撞月点（月球东经 52.36°、南纬 1.50°）和"嫦娥三号"预选着陆区月球虹湾。

实验室 4.3.5

月 球 观 测

一、试验目的
观测月球，认识环形山、高地和月海。

二、试验准备
天文望远镜、月面图、笔、记录纸、计时器、电筒。

三、试验程序
1. 架设好天文望远镜置于自动跟踪状态。
2. 对照月面图寻找相应的月海、环形山做好记录。

月面观测记录

观测时间	（公历）　　年　　月　　日　　时　　分（农历）　　月　　日		
天气		地址	
环境			
观测结果			
观测小结			
观测结束时间			
观测者		记录者	

注：观测时间应选择月相渐盈或渐亏的时间，这样能使月面的地形显现最理想的清晰度。

月食预告：月食将于 2011 年 12 月 10 日再次发生。准备我们的观测设备投入到观测拍摄的热身活动中，为"实战"月食积累经验。

实验室 4.3.6

月球环形山的形成

一、试验目的

月球环形山形成机制。

二、试验准备

大白纸、面粉、可可粉、细筛、大小不一的玻璃球、照相机、摄像机、记录纸。

三、试验程序

1. 用摄像机摄下试验全过程，用照相机拍下实验结果。

2. 将纸平铺在地板上（要足够大），用细筛把面粉筛落在纸上，注意中间厚，四周薄，形成小丘。再用细筛将可可粉薄薄地筛落在面粉上，使面积全部被覆盖。

3. 在一定的高度上将玻璃球坠落在小丘的中心，玻璃球的撞击便形成了撞击坑，面粉溅向四周呈射线状盖在可可粉上，这与月球上的环形山形成十分相似。

月球上的环形山形成试验

实验时间	年　月　日	地点	
材料			
玻璃球直径			
玻璃球坠落高度			

试验结果：

粘照片

试验小结	
试验者	

新月之后不久，月亮依然比较细长。没被太阳照亮的部分有时会处于"暗灰色光线"中。

新月后三天，危险之海已经完全可见，在它下方我们可以看到一系列漂亮的环形山。

危险之海

两天之后，我们可以看到更多的月海和环形山。

观察月球

娥眉月和残月是观察月球的最佳时机，那时的陨石坑清晰可见。娥眉月在傍晚，残月则在清晨。我们最好选择在春季观察月球，因为春季晚上月亮会高高地挂在地平线上方，所以地平线附近的空气波动不会影响观察效果。

即使使用普通望远镜，我们也能观测到月球表面上许多有趣的细节部分，例如月海清晰的边缘地带。如果我们将望远镜稳住，或是将它固定在三脚架上，我们可以在放大10倍之后观察到最大的陨石坑。在上弦月或是下弦月时，我们可以在月球明暗交界线上清晰地看到众多的环形山。满月时还可以看到有些环形山中反射出明亮的光线。

我们通过普通望远镜能看到些什么？

凭借小型的入门级天文望远镜，我们可以很好地观察月球表面的地貌。40至80倍的放大倍数已经足够清晰地观察到上百个细节了，连最小的的陨石坑也不在话下。为了充分享受到观察的乐趣，我们最好将望远镜稳定在三脚架上。

我们通过天文望远镜又能看到些什么？

新月后九天，我们已经可以看到月亮的一大半，特别是此时暗色的月海与明亮的高地之间的明暗对比已经十分明显。

新月后十一天，我们可以轻易辨认出辐射状环形山哥白尼和第谷。

第谷

新月后第六天，我们可以看到完整的西奥菲勒斯环形山，并可以辨认出它的中心山

西奥菲勒斯

新月后大约一周，差不多是上弦月了，观察月球的最佳时机已经到来。

月亮处于由新月向满月或是满月向新月变化过程中时是最好的观测时机，而满月时并不适合观测。在明暗交界处，如果我们在月球上，那么我们就能看到太阳正在冉冉升起或是徐徐落下。由于位置倾斜的缘故，太阳无法照射到环形山的内部。环形山底部黑暗，边缘则部分被照亮，这里的对比尤其明显。如果我们想要在望远镜中观察月亮，则月亮的位置应该尽可能高，但不能离地平线太近，因为空气波动会影响观测效果。

如果我们不是仅仅一次，而是持续每天都用望远镜观察月球，那将是一件

有意义的事情。明暗交界处每个晚上都会处于不同的环形山附近，此时我们就可以清晰地观察到它们。

满月时我们只能隐约观察到环形山，但此时辐射状环形山的线条会变得十分明显。

满月前两天，明暗交界处位于月球的偏左方。此时并不是观察月球的好时机。

满月时我们可以观察到月海和环形山，但是陨石坑变得十分模糊。

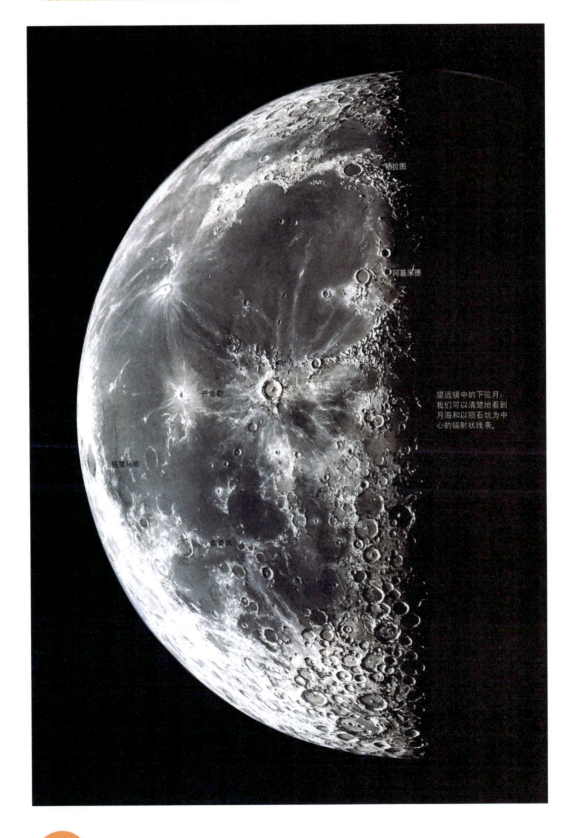

柏拉图

阿基米德

开普勒

白尼

格里马迪

望远镜中的下弦月：
我们可以清楚地看到
月海和以陨石坑为中
心的辐射状线条。

布泰狄

认识太阳、地球、月球三球仪

宇宙间的天体都在不停地运动，天体因相互吸引、相互绕转而形成不同层次的天体系统。人类的家园——地球，位于由地球和月球构成的天体系统——地月系。地月系又与其他同类天体一起围绕太阳公转，共同构成更高一级的天体系统——太阳系。

日、月、地三球仪

三球仪是表现与我们人类息息相关的太阳、地球和月球这三球运动的模拟演示仪器。通过仪器我们可以清楚地看到三球之间相互绕转的关系以及它们的相对位置和运动特征等天文属性。

日、月、地三球仪具有三球实际运行的特征。

日、月、地三球仪运行特征

1	日、月、地运动的方向具有同向性，公转和自转方向都是从西向东
2	月球具有同步自转的特性：自转周期与绕地球运行的周期相同
3	地球赤道平面与地球绕日公转轨道面之间存在23°26′的黄赤交角
4	月球绕地球公转轨道所在平面与地球公转轨道面之间存在5°9′的黄白交角
5	仪器上日地中心连线与面板平行，面板与地轴之间形成66°34′的夹角
6	日、月、地三球仪的自转和公转周期接近实际天文参数的相对比例关系

二 水星

水星资料

名称来源：罗马神话中众神的信使

发现时间：自古便知

距离太阳：5 800 万千米

质量：0.05（以地球为单位1）

体积：0.06（以地球为单位1）

直径：4 879 千米

表面温度：−180 ℃ ~430 ℃

卫星数量：无

自转/公转周期：58.6 天/87.6 天

水星与地球的大小

水星

水星在太阳系八大行星中离太阳最近，距离太阳 5 800 万千米，直径 4 879 千米。是太阳系中最小的一颗行星，它和地球一样是一颗固态行星，水星的内部结构与地球类似，从中心向外也分为金属核、地幔、地壳三部分。

水星的表面重力为 0.38。

水星距离太阳最近，它距离太阳最远的位置（角距离）从来没有超过 28°，所以从地球上看，水星只是日出日落前后出现在地平线附近，大约过一个多小时，不是被明亮的白天淹没，就是落入地平线下了。黎明和傍晚天空一般比较明亮，地球大气容易吸收星光，再加上城市环境污染的严重，使得我们很难与水星见上一面。

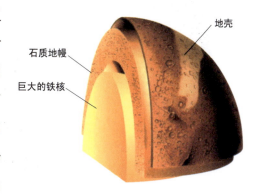

水星结构

水星几乎没有空气，表面布满了巨大的陨石坑、悬崖和裂谷，并且延绵几千米。水星表面最有特点的是巨大的卡路里盆地，是 36 亿年前天体之间撞击而成，撞击形成的直径竟达 1 340 千米，大得让人难以置信。

知识链接 4.3.6

水星的卡路里盆地及其成因

卡路里盆地的直径约为 1 340 千米。照片只显示了该盆地的一部分。它的边缘是高于盆底 2 千米的不规则山脉环。盆底内部是平原，有很多陨星坑和放射式分布的脊和断裂地堑。盆地外的反射式谷——脊延伸到盆底半径的 2 倍远。卡路里盆地是水星早期被外来小天体撞击形成的。撞击使卡路里盆地周围形成山脉等构造，撞击产生的溅射物逐步沉积形成多丘平原，而且，此次陨击事件产生的震波经过水星内部聚集，还破坏了撞击点对面半球与撞击点相对的地方。

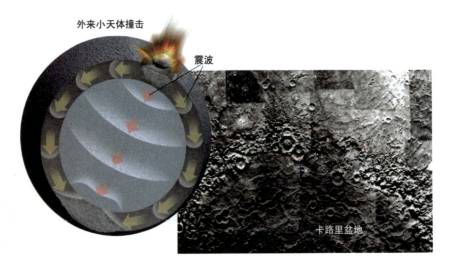

水星的卡路里盆地

为什么我们在地球上很难观测到水星？那么怎样才能观测到水星呢？

水　星　观　测

寻找到水星，用固定在三脚架上的照相机拍摄下水星的倩影留作资料。

三 金星

金星资料

名称来源：罗马神话中爱与美的女神

发现时间：自古便知

距离太阳：1.08 亿千米

质量：0.82（以地球为单位1）

体积：0.86（以地球为单位1）

直径：12 104 千米

表面温度：460 ℃

卫星数量：无

自转/公转周期：243 天/224.7 天

金星与地球的大小

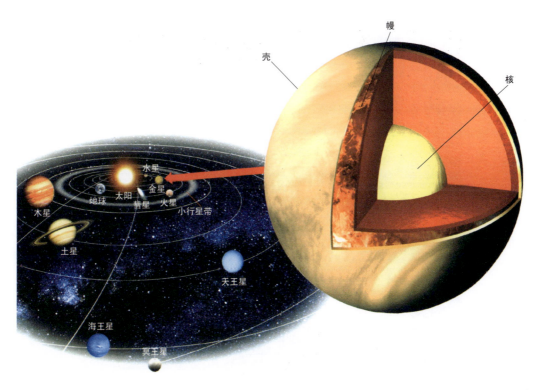

金星

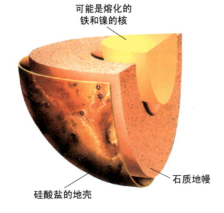

可能是熔化的
铁和镍的核

石质地幔

硅酸盐的地壳

金星结构

金星是距太阳第二远的行星。距离太阳 1.08 亿千米，直径 12 104 千米。在八大行星中金星与地球在距离上最亲密，二者最近时仅相距 4 100 万千米。金星的体积几乎与地球体积相同。在星光灿烂的夜空，金星是最明亮的一颗星。只要它一露面，除了月亮之外，所有星辰无不黯然失色。

金星同月球一样也有盈亏相位变化，它的变化周期是地球公转周期（365.25 天）与金星公转周期（224.7 天）的和，即 589.95 天。

金星是一个固态行星，从中心向外分为金属核、地慢、地壳三部分。金星大气跟地球大气很不一样，金星大气浓密，表面气压相当于地球的 91 倍，表面重力为 0.88。

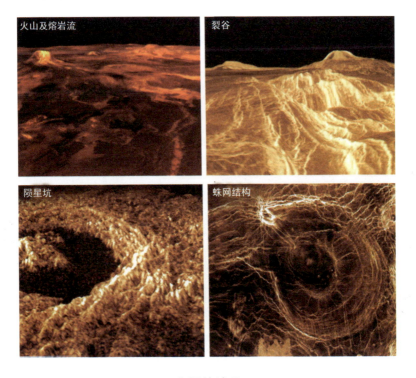

火山及熔岩流　裂谷　陨星坑　蛛网结构

金星的地貌

金星自转的方向是自东向西，被人们称为"逆向自转"。所以，从金星上看太阳是西升东落的。另外，金星自转非常慢，在金星上的一昼夜大约相当于地球上的117天，而一年也只有224.7天。

金星大气中的浓云笼罩整个星球，光学望远镜无法看到星体表面特征。雷达测绘的金星地貌显示金星上有陨星坑、火山地貌和构造地貌。

麦哲伦宇宙飞船的雷达扫描金星表面后绘制的金星表面人工彩色图，红、黄、绿、蓝、紫依次象征金星表面地势高低。

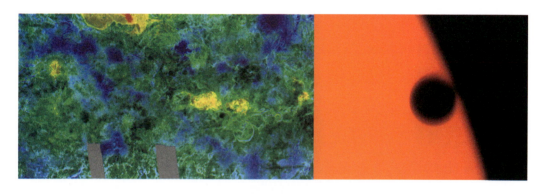

金星的地势及金星凌日

金星凌日是一种罕见的天文现象。它以相隔8年的两次凌日为一组，而两组凌日之间要相隔120多年。当太阳、金星和地球处在一条直线上，并且从地球上看到金星是从日面穿过的现象称为"金星凌日"。当金星的身影穿过太阳时，我们就可以看到日面上有一个太阳直径1/30的小黑点在移动，这就是金星。俄国天文学家罗蒙诺索夫1761年通过观测金星凌日发现金星有大气，这是人类所知除地球外第一颗有大气的天体。

> **预告**：金星凌日将于2012年6月6日再次发生，准备我们的观测设备投入到观测拍摄的热身活动中，为"实战"金星凌日积累经验。

实验室 4.3.9

拍摄金星运行轨迹

一、试验目的

了解金星运行轨迹。

二、试验准备

带三脚架的照相机、记录纸、笔、计时器、电筒。

三、试验程序

1. 选择可供长期观测的空旷场地。

2. 架设照相机指向金星出现的方向。取景器内带地景。

3. 每隔 10 天定时、定景、定点拍照，并做好记录。

4. 将连续拍摄的照片存入计算机进行叠加处理，制成一幅金星×年×月运行轨迹图。

探索与思考 4.3.4

金星的自转有什么独特之处？

四 火星

火星资料

名称来源：以罗马神话中的战神命名

发现时间：自古便知

距离太阳：2.28 亿千米

体积：0.15（以地球为单位1）

重力：0.38（以地球为单位1）

直径：6 792 千米

表面温度：−125 ℃ ~24 ℃

卫星数量：2

自转/公转周期：24.6 小时/687 天

火星与地球的大小

内部结构

火星

火星的地貌

岩石壳　硅酸盐岩石构成的幔　铁核

火星的结构

火星距太阳第四远，是太阳系中第七大的行星，距太阳2.28亿千米，直径6 792千米。在太阳系的行星中，火星的环境与地球相似。火星的昼夜略长于地球，也有四季变化；火星的极冠及可能存在的永冻土，表明火星有水资源。而干枯的河床表明火星曾有过温暖、湿润的气候等。因此，火星是否有过生命是科学家一直在设法寻找的课题。

固态的火星由金属核、地幔、地壳三部分组成。火星的表面大部分是红色，这是因为火星泥土中含有大量氧化铁，颜色一般为棕色、黄色或橘红色，有高山、平原和峡谷。南半球地势较高，平坦，陨石坑密布，岩石年龄较大。北半球地势较低，岩石年龄较小，分布着盾形火山及火山形成的平原。

火星表面重力为0.38。

火星最明显的特征就是它的冰冠，它们随季节变化增长和收缩。北极冠主要是水结的冰，而南极冠大部分是冻结的二氧化碳。

奥林匹斯山是火星上最大的盾形火山，高达26千米，基部直径达80千米。

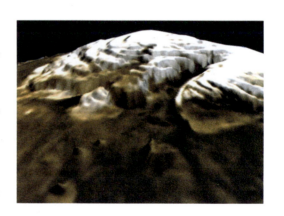

火星的冰冠

水手谷是位于火星赤道以南长约5 000千米的一个大峡谷，它拥有许多支谷，最大宽度有几百千米，最深可达6千米。

奥林匹斯山

水手谷

火星的水手谷和奥林匹斯山

探索与思考 4.3.5

科学家为什么一直在设法探寻火星是否存在生命？

知识链接 4.3.7

未来的生命之舟

人类对火星心存神往，充满着期盼和迷恋。这是因为火星与地球最为相似，研究火星不仅有利于寻找宇宙生命的线索，反观地球的过去与未来，还是人类未来星际移民的首选基地。

火星的公转周期是 687 天，自转周期是 24.6 个小时，和地球的自转周期最相近。火星赤道面与黄道面的夹角为 25.19°，这与地球的黄赤交角 23.5° 也很相似。火星比地球小，半径为 3 396 千米，约为 0.5325 地球半径。其质量为地球的 10.7%，其赤道表面重力为地球的 38%。火星的南北极都有干冰和水冰组成的白色极冠。火星大气远比地球大气稀薄，仅为地球大气压的 0.5%～0.8%，主要成分是二氧化碳，约占 95.32%；氮气占 2.7%；水蒸气很少，仅占 0.02%。火星白天赤

道附近最高温度可达24 ℃，晚上则降到－125 ℃。与月球相比，火星上的环境对生命而言"温和"了许多。这正是我们选择它的原因。

科学家说，就算火星上根本不存在生命，这颗和地球有太多相似之处的行星也有可能最终被改造成另一个地球。换句话说，只要人上了火星，就算原本没有生命的火星最终也可以变得生机盎然。

知识链接4.3.8

"萤火一号"火星探测器

在浩瀚的宇宙中，地球像一个孤独的孩子。太空中还有别"人"吗？从第一个仰望星空的人开始，人类就没有停止过对地外生命的探索。而火星，这个已知的和地球自然条件最接近的星球一直是人们探索的目标。

火星探测项目是继载人航天工程、探月工程之后我国又一个重大空间探索项目，也是我国首次开展的地外行星空间环境探测活动。"萤火一号"中国首个火星探测器将和俄罗斯"福布斯"探测器一同升空。

"萤火一号"只有110千克，和它的美国前辈"勇气号""机遇号"体重相比，"萤火一号"只能算是火星探测器家族中的"轻骑兵""小个子"。它主体部分长75厘米，宽75厘米，高60厘米，两侧共有6块太阳能帆板，展开7.85米。如此小巧玲珑的身体上却长出三对大"翅膀"，因火星上太阳光照强度低，只有地球的二分之一左右，帆板要够大才能给"萤火一号"提供充足的能量。

"萤火一号"发射上天，将在距地面200千米的远轨道飞行4小时，然后飞到距地面1万千米的过渡椭圆轨道做26小时的无动力飞行。之后，伴随着火箭主发动机的再次启动，"萤火一号"彻底告别地球，

进入从地球到火星的双曲线轨道，和"福布斯"同甘共苦地共同飞行11个月。在联合飞行的过程中，两颗卫星通过电缆连接在一起，"萤火一号"的能量由"福布斯"供给。

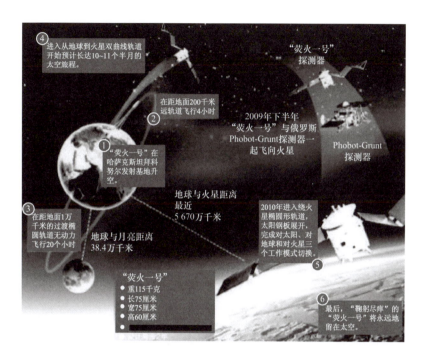

萤火一号火星探测器

整个过程，"萤火一号"将飞行3.5亿千米达到火星附近，探测火星附近空间环境。

"萤火一号"携带的行李中有几件"重型武器"：光学成像仪，将对火星和火卫一进行摄影；磁通门磁强计，测量火星上空的磁场强度、太阳辐射强度和高能粒子等等，了解火星外环境；掩星探测接收机，用"掩星法"探测火星大气层和电离层，信号从火星到达地球时，可以通过火星大气层对信号的折射作用了解火星大气的情况；等离子探测包，探测火星周围的等离子态。

"萤火一号"另一个重要任务是探测研究火星表面水的消失机制。

火星上到底有没有生命？这是人们最想知道的问题。水是生命的象征，是火星存在生命的必要条件。美国发射的着陆探测器"凤凰号"

"机遇号"和"勇气号"都发现了水的痕迹。探测器一铲子下去露出了白色的物质，第二天白色痕迹消失了，这说明可能是水分蒸发了，但也有可能是干冰。目前水的痕迹发现很多，但并没有直接发现水，所以还不能最后确定火星上是否有水。

实验室 4.3.10

火 星 尘 埃

一、试验目的
火星红色尘埃的形成。

二、试验准备
瓷托盘、一次性手套、未生锈的铁屑、细沙、记录纸、笔、秤、照相机。

三、试验程序
1. 细沙与铁屑按2：1的质量混合均匀，按相同的质量分别留存细沙、铁屑置于干燥处保存。

2. 将混合好的铁屑细沙装在瓷托盘内。

3. 注水淹没铁屑、细沙，保持湿润，注意随时添水。

4. 3 天左右再观察细沙颜色，并与留样的细沙、铁屑相比较，填写记录，照相。

5. 将实验结果的颜色与天文望远镜中观测到的火星颜色相比，并填写记录。

火星红色尘埃的形成实验记录

时间	实验开始	年　月　日	地点		
	实验结束	年　月　日	实验用 铁屑　　克	实验用 细砂　　克	
注水量	毫升	加水量	毫升	共注水	毫升
试验结果	感观结论： 贴照片 记录人　年 月 日				
与天文望远镜观察到火星的颜色相比较	 记录人　年 月 日				

五　木星

木星资料

名称来源：罗马神话中的众神之王

发现时间：自古便知

距离太阳：7.79 亿千米

体积：1 321（以地球为单位1）

顶部云层的重力：2.5（以地球为单位1）

直径：142 980 千米

云层顶部温度：−110 ℃

卫星数量：64

自转/公转周期：9.9 小时/11.86 年

木星与地球的大小

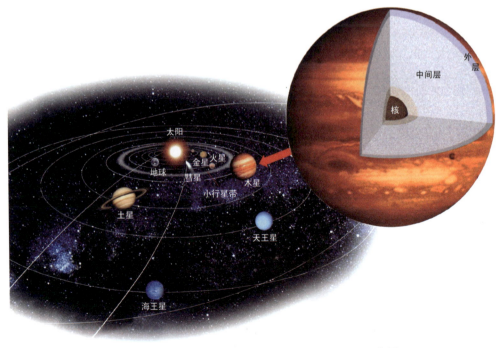

木星

木星是离太阳第五远的行星，是八大行星中最大的一颗，距太阳 7.79 亿千米，直径 142 980 千米。

木星没有固定表面，除了很小的固体核外，基本是气态和液态。木星由里向外依次为：固体内核、金属态氢地幔、液态氢氦地幔、氢氦大气层。

木星大气的上层有巨大风暴形成的漩涡。云的颜色变化出现在大气层中不同的高度。那些化学物质冷凝并在不同的温度下结成冰晶。蓝色的云展现在大气层的最深处，在它上面有硫化氢铵形成的暗褐色带子、奶油色条带，或环形带高于前面的带子，由氨的晶体构成。像大红斑那样的红色特点，则出现在整个大气的最高层，而它们的颜色很可能是含有磷的化合物导致的。大气运动的重要特征是有交替地东西向分流，它们除了主要做平行于赤道的东西向运动外，也有垂直对流运动。

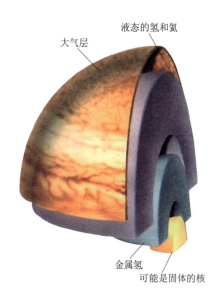

木星的结构

木星的赤道直径 142 980 千米，是地球的 11.2 倍，它的肚子里能吞下 1 400 个地球，质量是地球的 318 倍，表面重力为 2.5。太阳系另外七个行星和全部小星体都加在一起也抵不上它的 1/2。

木星拥有 64 颗卫星，其中 4 颗最亮的木卫一、木卫二、木卫三、木卫四是 1610 年伽利略首先发现的，称为伽利略卫星。

木星自转一周只需 9 小时 50 分钟，它在赤道上的线

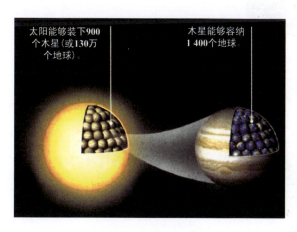

太阳、木星与地球

速度高达 12.66 千米/秒，比地球的第二宇宙速度还要大。受快速自转的影响，以至于把木星的云层甩成明暗相间的云带。亮的条带凸起，暗的条带凹陷，阳光根本照不到。木星最大的特点是位于赤道南侧呈卵形的长 2 万多千米、宽约 1.1 万千米、可容纳 3 个地球的大红斑。大红斑是一个含有红磷化合物的特大气旋，它朝逆时针方向旋转，温度、气压比周围大气都低，类似地球上的"低压气旋"。这个猖獗了 200 年或更长时间的强大气旋，它的红色源于含磷的化合物。大红斑比周围的云高出 8 千米。

探索与思考 4.3.6

木星大红斑的特点是什么？

知识链接 4.3.9

彗木相撞

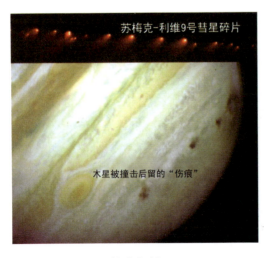

彗木相撞

1994 年 7 月 16 日发生的彗星撞木星的事件，曾震撼世界。这次事件的肇事者，就是"苏梅克—利维 9 号"彗星。

"苏梅克—利维 9 号"彗星是 1993 年 4 月 24 日由美国天文学家苏梅克夫妇和天文爱好者列维发现的。样子很怪，彗核分裂为 21 块，一字排开，像一串糖葫芦。彗核碎块大约以每秒 60

千米的速度撞入厚厚的木星大气，但仍没有能穿透木星大气层和液氢层。在溅落点的局部地区瞬间产生了接近 3 万摄氏度的高温，又发生了剧烈爆炸，掀起了有地球那么大的黑色蘑菇云，直冲到 1 000 多千米的高空。

知识链接 4.3.10

宇 宙 速 度

第一宇宙速度 保证飞行器环绕地球做圆周运动，那么它的运行速度就不能小于 7.91 千米/秒。这个速度就是第一宇宙速度。

第二宇宙速度 飞行器在地球附近的太空中飞行速度超过 11.2 千米/秒的时候，它就可以摆脱地球的引力束缚，开始环绕太阳运动。这个速度就是第二宇宙速度，也叫逃逸速度。

第三宇宙速度 飞行器能够脱离太阳系引力的最小速度称为第三宇宙速度。第三宇宙速度为 16.7 千米/秒。

实验室 4.3.11

木星与木星的卫星

用天文望远镜观测木星和木星的卫星。仔细观测木星的大红斑和条纹状的星体；认真寻找木星身旁的 4 颗明亮的伽利略卫星。

实验室 4.3.12

木星的气旋风暴

一、试验目的

认识木星的气旋风暴（大红斑）的形成。

二、试验准备

大口径玻璃碗、牛奶、红色食用色素、黄色食用色素、洗涤液、摄像机、照相机。

三、试验程序

1. 用摄像机拍摄下试验过程。

2. 把 1 杯牛奶倒入碗中至碗的 2/3。

3. 将红、黄色素各滴一滴于有牛奶的碗中，非常缓慢地旋转大碗，以模仿木星大气的运动。

4. 向旋转的大碗中的红、黄色素滴液上各滴入一滴洗涤剂，再次缓慢旋转大碗观看碗中的变化，即木星气旋的形成。照相机照下气旋形成后的图像。

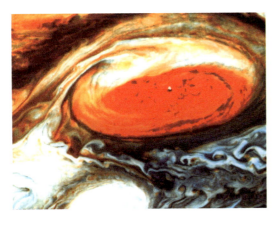

木星的气旋风暴

木星的气旋风暴实验

木星的气旋风暴实验

实验时间	年 月 日	地点	
牛 奶	毫升		

红 色 素	滴	黄色素	滴	洗涤剂	滴

试验步骤：

试验结果：

粘照片

记录		照相		摄像	

六 土星

土星资料

名称来源：罗马神话中的农神

发现时间：自古便知

距离太阳：14.27 亿千米

体积：752（以地球为单位 1）

云层顶部重力：0.9（以地球为单位 1）

直径：120 540 千米

云层顶部温度：−140 ℃

卫星数量：56

自转/公转周期：10.6 小时/29.5 年

土星与地球的大小

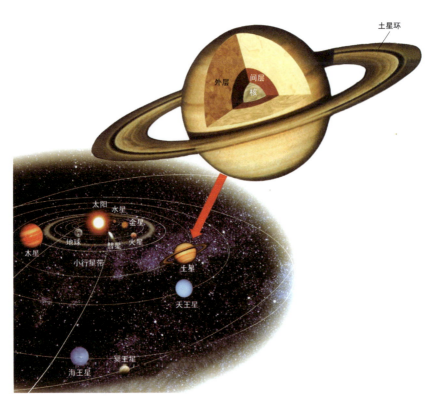

土星

土星是太阳系中第二大行星，距太阳 14.27 亿千米，是行星中距离太阳第六远的行星。土星是由固体内核、金属态氢地幔、液态氢氦地幔、氢氦大气层组成的有着美丽光环的气态的天体，表面重力为 0.9。土星围绕太阳公转一周大约 29.5 年，而自转却很快，只需 10.6 小

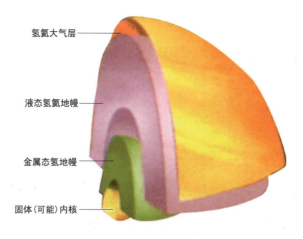

氢氦大气层

液态氢氦地幔

金属态氢地幔

固体(可能)内核

土星结构

时，由于自转速度快，土星形状就变得腰围庞大，个头扁小。赤道直径比两极直径大 5 300 千米，它是太阳系中最扁的行星。

土星像一个软木塞漂浮在水面上

土星的直径 120 540 千米，是地球的 9.45 倍，论体积，752 个地球才能抵得上一个土星，质量是地球的 95 倍，但密度较小，每立方厘米只有 0.7 克，比水还轻。可以想象，如果有一个足够大的海洋，把土星放进去，他就会像一个软木塞漂浮在水面上，永远不沉。

土星拥有美丽的光环和 56 颗卫星，土星的光环由数以万计的碎冰块、岩石块、尘埃颗粒组成，排列成一系列的圆圈，绕着土星旋转。在土星长达 29 年的一个土星年中，在地球上有一半时间能看到土星光环上方朝北的一面，同一个土星年中另外的一半时间则看到光环下方朝南的一面。当光环平面正好对着太阳时，在地球上就看不到那极薄的一片的光环了。

土星美丽的光环（一）

土星美丽的光环（二）

这是一张非常别致的土星的双阴影像。在遥远的太阳照耀下，土星本体的影子落在光环朝下的一面上，而光环的影子同时又落在了土星上方半球的本体上。

探索与思考4.3.7

为什么将土星放入水中它会浮在水面上？

知识链接4.3.11

雾里看花

1610 年，意大利天文学家伽利略用自制望远镜首先发现了土星的"附着物"。可惜，伽利略的望远镜因口径小，分辨率太低，看土星就像雾中看花，所以他误把光环当成了两个卫星，并称他们为卫星耳。

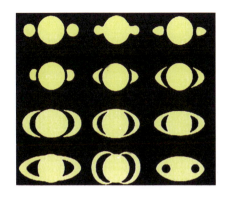

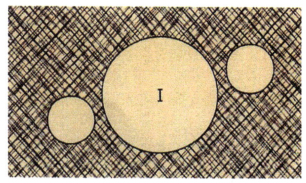

（a）　　　　　　　　　　　　　　（b）

伽利略描绘的土星

（a）雾里看花的土星卫星耳；

（b）不是环而是圆圆的像耳朵一样的东西，这是他1610年左右的画稿

惠更斯的新发现

荷兰天文学家惠更斯用自制的大型望远镜经过连续观测和多年研究，终于在1665年，真正弄清楚土星"附着物"的本相——原来是光环。他在《土星系》一书中除了详细地介绍土星及光环的情况："有环围绕、薄而平，到处不相接触……"，还附了一张光环形态随土星绕太阳公转而变化的示意图。

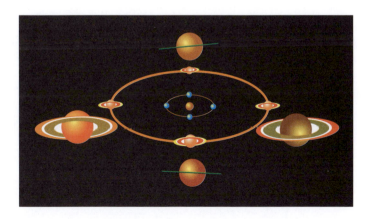

土星绕太阳公转土星光环的变化图

卡西尼环缝

1675 年，法国天文学家乔瓦尼·卡西尼通过大望远镜首先发现土星光环并不是一个整体，其间存在缝隙。后来这条缝被命名为卡西尼环缝。19 世纪，天文学家通过物镜看到了土星有 3 条光环：另侧 A 环、中央 B 环和透明的内侧 C 环；卡西尼环缝位于 AB 环之间。20 世纪 70 年代前后，宇宙飞船又探测出 4 条环，即土星光环共由 7 条环组成。

土星的卡西尼缝

土星美丽的光环

土星光环为什么时隐时现？

美丽的土星光环举世无双，可它却每隔约 15 年就会消失一段时间。这是为什么呢？当年伽利略直到逝世都没有解开这个谜。现在知道，因土星极轴与绕太阳公转轨道有个 26.7°的倾角，所以使我们能从各个角度看到它的环；由于光环很薄，当环平面对向地球时，用小望远镜便很难看到它了。在土星 29.5 年绕太阳运转周期中，会出现两次土星环平面对向地球的情况。

我们不妨做个试验来验证土星光环时隐时现的现象。将一张硬纸剪成足够大的圆形，中间剪裁成一个圆孔，套在预先准备好的球上，中心粘牢，手臂伸直双手托住球，缓缓转动球使纸环向上运动，就会发现纸环由宽变窄到变成一条直线。

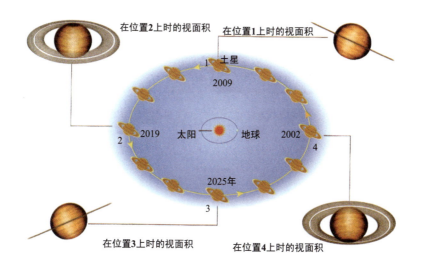

土星的公转与光环的视面积

观 测 土 星

观测：用望远镜观测土星。

1. 注意土星星体两级直径与赤道的长度差，是否能辨别出土星星体是一个扁形的球体。

2. 仔细寻找土星的 A、B、C 环和卡西尼缝。

为什么木星和土星都特别扁

一般的天体都是近球状的，可是木星和土星却特别扁，木星的赤道半径比极半径长近 9 000 千米，而土星两个半径差也有 5 300 千米。这是因为它们的核心外面没有像地球那样的幔和壳，只有核外的液体和表面的大气，再加上它们自转速度较快产生的离心力大，所以"肚子"就鼓起来，看起来好像被压扁了似的。

七 天王星

天王星资料

名称来源：希腊神话中的天之神

发现时间：1781 年由威廉·赫谢尔发现

距离太阳：28.71 亿千米

体积：63.1（以地球为单位 1）

重力：0.90（以地球为单位 1）

直径：51 120 千米

云层顶部温度：−215 ℃

卫星数量：27

自转/公转周期：17.2 小时/84 年

天王星与地球的大小

天王星

天王星是太阳系的第七颗行星，旋转在比土星更远的轨道上。天王星是一个带有环的类木行星。直径 51 120 千米。大小约是地球的 4 倍，是行星中的第三大行星。天王星自转周期大约为 17.2 小时，但是绕太阳 1 周需要 84 年，大约相当于人的一生。天王星有一个其他行星都没有的异常奇妙的特

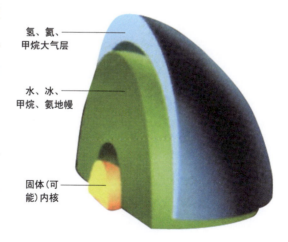

氢、氦、甲烷大气层

水、冰、甲烷、氨地幔

固体（可能）内核

天王星结构

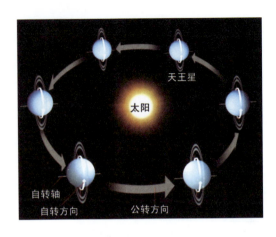

天王星的公转与自转

天王星表面重力为0.90。

征，那就是自转轴相对于公转轴的倾斜度达97.9°。也就是说，它是以横躺着的姿态绕太阳旋转的。而且，其卫星也都是跟着天王星在横躺着的轨道面上进行着公转的。

天王星的大气中含有甲烷，用望远镜观测，看到的是一个蓝绿色的星球。

八 海王星

海王星资料

名称来源：罗马神话中的海神

发现时间：1846年由约翰·伽勒发现

距离太阳：44.97亿千米

体积：57.7（以地球为单位1）

重力：1.14（以地球为单位1）

直径：49 530千米

云层顶部温度：-195 ℃

卫星数量：13

自转/公转周期：16.1小时/165年

海王星与地球的大小

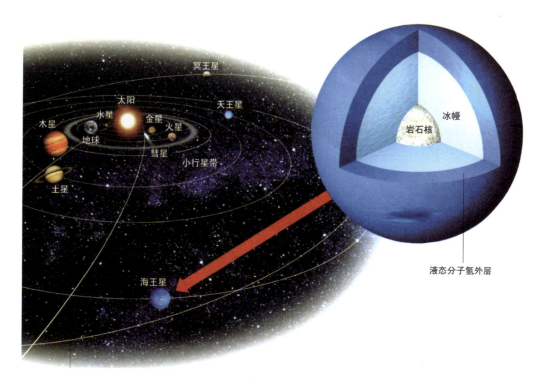

海王星

海王星是运行在遥远的轨道上的一颗行星，它的轨道半径约是地球到太阳距离的 30 倍，约为 44.97 亿千米，直径 49 530 千米，在行星中个头第四，但因距离遥远，视星等为 7.85 等，所以肉眼无法观测到。海王星的自转周期大约为 16 小时，绕太阳 1 周大约需要 165 年。海王星和天王星

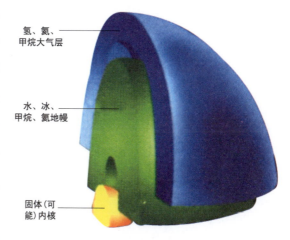

海王星结构

一样同属类木行星，并且与天王星的大小及构造都非常相似。海王星的大气也和天王星一样含有甲烷，所以看上去也是蓝绿色的，非常漂亮。

海王星表面重力为 1.14。

海王星是第一颗通过计算而不是靠观测发现的行星。

海王星显著的特征是大暗斑和小暗斑。大暗斑位于海王星南纬约22°，大小相当于一个地球。大暗斑南侧有亮的甲烷冰云。海王星大暗斑是变化的，不像木星大红斑那样长期存在。1995 年，哈勃空间望远镜拍摄的海王星照片上已不见大暗斑踪迹，而在附近出现新的小亮斑，称其为小暗斑，小暗斑在大暗斑南面。这两种暗斑像木星的大红斑一样，也是一种大气风暴。

资料显示，海王星大气中的甲烷和碳氢化合物在海王星内部温度高压作用下会分解，分解出的碳使得海王星表面聚集的斑块显现出黑暗色。

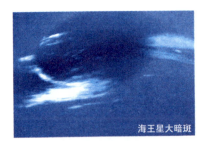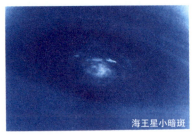

海王星的大暗斑和小暗斑

计算而破解的行星——海王星

19 世纪初，法国人瓦德在计算天王星的运转轨道时，发现理论计算值同观测资料发生了一系列误差。由于新问世的天王星运行"失常"，天文学家估计在它之外可能还存在一颗未知新行星。因计算方面的困难，在长达半个多世纪里，包括那些大天文学家们对此都未给出答案。直到 1840 年前后，这道难题却被两位"小人物"破解了：两个并不相识的年轻人——英国大学生亚当斯和法国化学实验室职员勒威耶，分别从几十个方程组中求出未知新行星的轨道数据、当时所处位置、星等和质量。

19 世纪中期，柏林天文台收到来自法国巴黎的一封快信，发信人是勒威耶。在这封信中，勒威耶预告了一颗以往没有发现的新星。1846 年 9 月 23 日，德国天文学家伽勒按照勒威耶信中的要求，把望远镜对准黄经 326 处的宝瓶座，发现确实存在一颗亮度为 9 等的新行星。亚当斯和勒威耶的预言得到了观测事实的证实。消息传出，顿时引起轰动，毕竟这是人类没用眼睛和望远镜、仅靠解数学方程式发现的新行星。

探索与思考 4.3.8

1. 为什么说海王星是笔尖下发现的行星？
2. 海王星的暗斑与木星的暗斑有什么不同？

知识链接 4.3.13

行星的旋转和光环

行星各自围绕自转轴旋转，而它们的旋转又是千姿百态。木星、水星是立正着自转，天王星却是躺在轨道上打滚的，而曾经是九大行星之一的冥王星也是这样的。金星是反方向自转的，地球、火星、土星和海王星又都是歪着脑袋，或者说是斜着身子绕太阳公转的。每颗行星自转轴的倾斜角度都是不同的，目前人类还不确定自转轴倾斜的原因。

水星
自转轴倾斜角度＝0°，没有倾斜。

金星
自转轴倾斜角度＝177.4°，自东向西自转。

地球
自转轴倾斜角度＝23.5°，形成季节变化。

火星
自转轴倾斜角度＝25.19°，也有季节交替现象。

木星
自转轴倾斜角度＝3.1°，几乎没有倾斜。

土星
自转轴倾斜角度＝26.7°，光环同样倾斜。

天王星
自转轴倾斜角度＝97.9°，躺着自转。

海王星
自转轴倾斜角度＝29.5°，光环同样倾斜。

行星的自转轴

　　土星、木星、天王星和海王星这四个行星巨人有一个共同的特点，就是它们都拥有光环，而且卫星数众多。其中土星的光环又亮又宽，木星和天王星的光环虽然都有很多道，却是又细又暗，海王星的光环有6道，有的是一段粗一段细，有一道甚至还是断断续续并不完整的环带。

行星的光环

类地行星与类木行星

　　太阳系家族中的大行星可分为两大群体：一群是类地行星；另一群是类木行星。水星、金星和火星体积小、密度大，表面由较坚硬岩石物质构成，因像地球表面，天文学家称它们为类地行星。而土星、天王星、海王星体积大、密度小，它们表面都是由气、液态的流体组成，因与木星相似，所以称它们为类木行星。

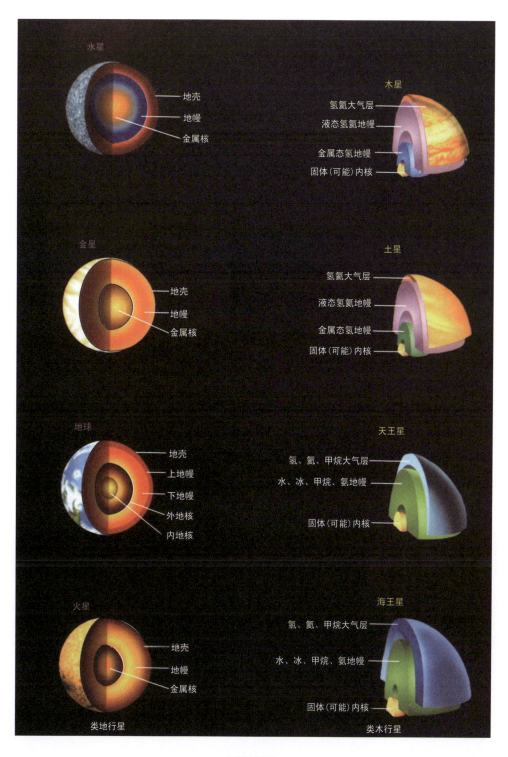

行星结构

知识链接 4.3.15

行星基本情况比较

行星	直径/千米	大小排序	自转周期	公转周期	卫星	表面重力	到太阳的距离/天文单位	光到达地球的最短时间
水星	4 879	8	58.6 天	87.6 天	0	0.38	0.388	4.4 分钟
金星	12 104	6	243 天	224.7 天	0	0.88	0.722	2 分 6 秒
地球	12 756	5	23 小时 56 分	365.25 天	1	1	1	—
火星	6 792	7	24.6 小时	687 天	2	0.38	1.524	3.1 分
木星	142 980	2	9.9 小时	11.86 年	64	2.5	5.207	32.8 分
土星	120 540	1	10.6 小时	29.5 年	56	0.90	9.840	1.1 小时
天王星	51 120	3	17.2 小时	84 年	27	0.90	19.191	2.5 小时
海王星	49 530	4	16.1 小时	165 年	13	1.14	30.060	3.9 小时

第四节　矮　行　星

　　矮行星是 2006 年 8 月 24 日国际天文联合会重新对太阳系内天体分类后新增加的一组独立天体。

 冥王星

冥王星资料

名称来源：罗马神话中的冥界之神

发现时间：1930 年由克莱德·汤姆发现

距离太阳：59 亿千米

体积：0.006（以地球为单位 1）

重力：0.06（以地球为单位 1）

直径：2 390 千米

表面温度：－230 ℃

卫星数量：3

自转/公转周期：6.39 天/248 年

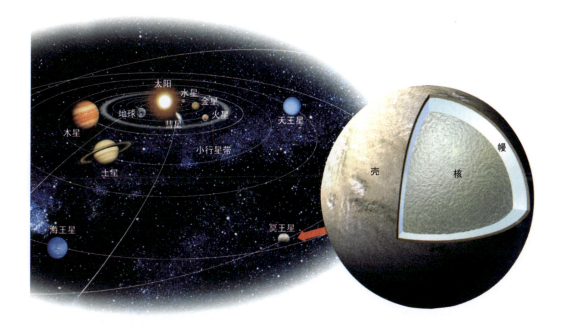

冥王星

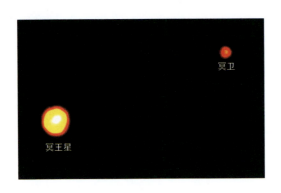

冥王星和冥卫一

这是哈勃空间望远镜拍摄的冥王星和冥卫照片。冥王星和冥卫的大小和质量差别不大，它们更像是双行星。

冥王星是 1930 年被发现的，体积仅有月球的 2/3，直径约为 2 390 千米，质量只有地球的 1/2 000，它有长达 248 个地球年的公转周期，而且冥王星并非永远是离太阳最远的行星。在每个运转周期中约有 20 年，它比海王星更接近太阳。不像其他那些由气体和液体构成的地外行星，冥王星是由岩石和冰构成的一个固体球。它是与其大型卫星——冥卫共同陷入永无休止的"华尔兹"舞中的"双行星"，冥王星在这一点上也是太阳系天体中独一无二的。

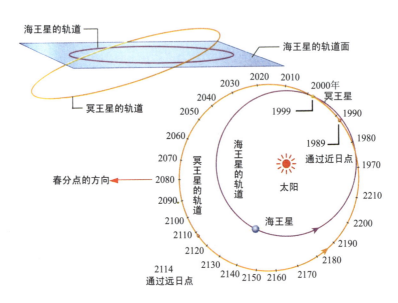

海王星与冥王星的轨道处于立体交叉状态

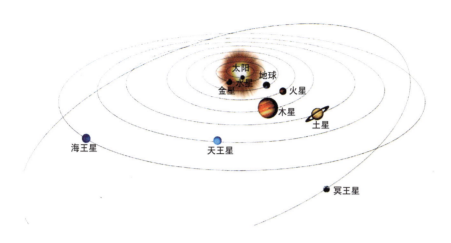

冥王星绕太阳公转的轨道

冥王星的公转轨道比较独特，公转轨道面对黄道面的倾角是 **17°** 左右，而别的行星的轨道倾角最大只有 **7°** 左右，此外，它比别的行星的轨道都扁。

二 卡戎星

卡戎星是华盛顿美国海军天文台的天文学家詹姆士·卡里斯蒂 1978 年 6 月 22 日发现的。

卡戎星的直径约为 1 212 千米，表面积约为 458 万平方千米，表面布满了冰冻的氮和甲烷。与冥王星不同的是，卡戎星的表面看起来可能是被冻结的不易挥发的水，其表面温度约为 −230 ℃，表面大气压 0.1 毫巴，是地球表面大气浓度的万分之一，稀薄到几乎等于零。所以说卡戎星没有大气层。

三 阋神星（齐娜星）

阋神星是 2003 年被发现的。它是迄今为止我们所知道的太阳系中最远的星体。它是一颗冰和岩石混合的天体，直径约为 2 500 千米左右，表面温度 −214 ℃，公转一周需要 560 年，离太阳最近时为 38 个天文单位，最远时为 97 个天文单位。阋神星的大气由甲烷和氮组成，现在它离太阳太远，大气都结成了冰，当它运行到近日点时，表面的温度将有所提高，甲烷和氮气将重新变成气态。

四 谷神星

谷神星是火星与木星之间的小行星带中人们最早发现的一颗小行星，由意大利人皮亚齐于 1801 年 1 月 1 日发现，最终划定为矮行星。它的平均直径约为 952 千米，等于月球直径的 1/4，质量约为月球的 1/50，是一个富含冰水表层和一个多岩石核心的天体。

知识链接 4.4.1

寻觅冥王星

1894 年，美国亚利桑那州的天文学家帕西瓦尼·罗威尔建造了以他名字命名的罗威尔天文台。在那里，他想搜寻一颗可能存在的新的行星，称"行星X"。罗威尔计算出了那颗行星的所在位置，然而在他有生之年却未能找到这颗行星。1916 年罗威尔去世，天文学家汤博继续在罗威尔天文台进行工作。他把在同一天空、不同时间拍摄的照片底片，在灯光前轮流显示，因为所有的恒星都不会有变动，只有被拍摄的行星才会有位置的变化，只有这样才能发现行星和小行星。1930 年 1 月 18—23 日，汤博在双子座拍摄了两张照片，在这两张照片上他发现一个移动的小点，这就是苦苦寻觅的冥王星，但在当年的 3 月 13 日这一发现才被公开。

尽管 2006 年 8 月，冥王星从行星降格为矮行星，但科学家们仍为它的归属争论不休。

第五节　太阳系小天体

太阳系大家族中除了八大行星、矮行星以外，还有众多的小行星、彗星和流星体，它们统称为太阳系小天体。

一　小行星

小行星是太阳系形成后的物质残余，绝大多数小行星分布在火星和木星轨道之间的带区。它们体积小，质量小，和行星一样也沿着椭圆形轨道绕太阳运行。带内小行星的分布是不规则的，只有少数小行星是球形，如灶神星。小行星表面的反照率各不相同，说明它们的组成物质是不同的。反光能力大的是石质小行星，反光能力差的是碳质小行星。有些小行星还有一个甚至几个卫星。

迄今为止，在太阳系内一共发现了约 70 万颗小行星，但这可能仅是所有小行星中的一部分。这些小行星中只有一小部分直径大于 100 千米。

小行星在太阳系中的分布

红色圆圈代表行星的运行轨道，白色圆圈代表几颗小行星的运行轨道。大部分小行星分布在小行星带中，小行星带处于火星和木星轨道之间。有一些小行星在绕太阳运转时，可以靠近地球轨道，被称为近地小行星。

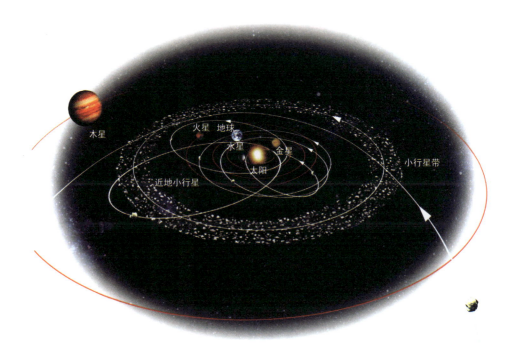

小行星

中　华　星

中华星是第一颗以中国的名称命名的小行星。1928 年 11 月 22 日，旅居美国的学者张钰哲在美国发现了一颗旧星空图上没有的小行星，临时编号 1928U。最后证实，这是一颗从未被人发现的小行星，并且是

第一颗由亚洲人发现的小行星。为表示对远隔重洋的祖国的怀念，张钰哲把它取名为"中华"，他因此被称为"中华星"之父。

张钰哲在美国发现的这颗小行星，由于当时没有较大的天文望远镜来做长期跟踪观测，后来便一直没有找到它的下落，仅作为似曾相识的小行星留在人们的脑海里。1949年后，紫金山天文台工作人员在张钰哲台长的指导下，坚持不懈地开展小行星的观测工作，终于在1957年10月30日，从万千繁星中找到一颗与1928U轨道相似的小行星，正式编号1125，并命名为"中华"。

知识链接 4.5.1

小行星会撞击地球吗?

20世纪中就发生多次近地小行星威胁地球安全的事件。例如1937年一颗名为赫米斯直径1.5千米的小行星，逼近到距离地球只有3×10^5千米，从地球和月球之间通过，曾给地球造成可怕的威胁。1968年6月，直径约1千米、质量为20亿吨的小行星伊卡鲁斯，只要稍许偏离原有的运行轨道，就可能进入与地球相撞的路线。这颗小行星以9千米/秒的速度接近地球，如果它的轨道真的发生偏离与地球相撞，那将是件非常可怕的事情。又如有一颗近地小行星于1994年10月掠过地球，和地球的距离只有105 000千米。

地球上墨西哥湾的大陨石坑，很可能就是过去小行星撞击地球的痕迹。6 500万年前恐龙惨遭灭绝的悲剧，也可能是这颗直径约10千米左右的小行星撞击地球的结果。这说明小行星是有可能撞击地球的。

我国国家天文台、紫金山天文台等有专门小组，每天进行搜寻小行星的观测，并监测和研究已发现的近地小行星。国际上组织了地面、

空间联合监测小行星计划，进行着联合巡天搜寻小行星，及时由网络联系，共同进行观测分析研究，预报它们的运行轨道。一旦发现某一颗小行星对地球构成威胁，天文学家就会提前准确预报。到时候可以用导弹提前把它摧毁在地球之外。

小行星撞击地球与恐龙灭绝

6 500万年前，一颗10千米大小的小行星撞击墨西哥尤卡坦半岛，击出直径180多千米的陨星坑，溅出的尘埃笼罩全球，造成气候变化及植物光合作用被中断等一系列后果，恐龙等大量物种因此灭绝。这仅仅是一种合理的推测，真实情况仍不清楚。

 **二 彗星**

彗星是一类靠近太阳时能够较长时间大量挥发气体和尘埃的小天体。

彗星可分为彗头和彗尾两部分。彗头由彗核和彗发组成。彗核虽然看起来只是彗头中间的小亮点，但它是彗星的本体。彗发是从彗核蒸发出来的气体及尘埃形成的彗星大气。彗尾常背太阳方向延伸，其物质密度更小。

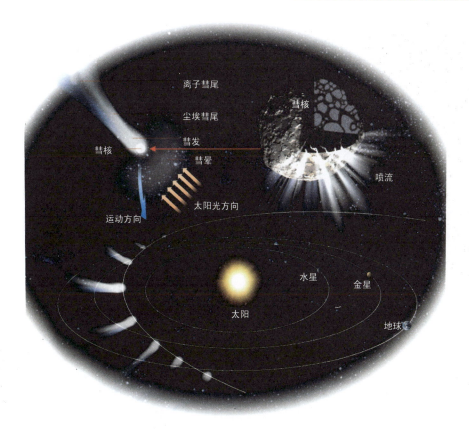

彗星

公转周期长于200年的彗星属于长周期彗星。长周期彗星一般来自奥尔特云。

公转周期短于200年的彗星，属于短周期彗星。一般来自柯伊伯带，或由长周期彗星改变轨道而来。

著名的彗星有哈雷彗星、海尔—波普彗星、威斯特彗星、池谷—张彗星。

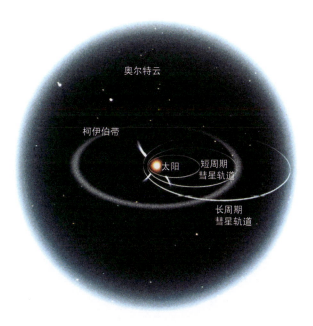

短周期、长周期彗星轨道

哈雷彗星

哈雷彗星，世界最著名的彗星，是以英国天文学家哈雷的名字命名的。哈雷是第一个证明彗星具有周期轨道，并能够预测彗星运动的科学家。他在1682年观测到了后来以他名字命名的这颗彗星，认识到它和1531年、1607年出现的大彗星是同一天体，并预言了这颗彗星每隔76年回归一次，它将在1759年再次回归。为了纪念他的贡献，人们把这颗彗星以哈雷的名字命名。最早的关于哈雷彗星的记载来自于中国公元前613年的记录。

海尔—波普彗星，绕太阳公转周期为2 105年左右，公转轨道面几乎与地球轨道面垂直。在1997年3月9日发生日全食时，它正靠近天顶，因此在地球上可以看到日食和彗星同时出现的奇迹。

1997年，有人拍下了海尔—波普彗星在极光映衬下的美丽姿态。

威斯特彗星，是在1976年2月25日过近日点时被发现的，亮度达 –1 等。肉眼可看到它有两条彗尾：细长的蓝色彗尾

海尔—波普彗星

主要由气体离子组成；宽的黄色彗尾主要由微小的尘埃粒子组成。后来它的彗核分裂成四个。

池谷—张彗星，在2002年2月1日由我国开封的天文爱好者张大庆和日本静冈的业余天文学家池谷薰分别独立发现，并按照国际惯例被命名为"池谷—张彗星"，这颗彗星的编号为 C/2002 C1。张大庆是我国第一位享有以姓氏命名新彗星这一殊荣的业余天文爱好者。

威斯特彗星

池谷—张彗星

通古斯特大爆炸

1908 年 6 月 30 日早 7 时左右，一个来自太空的耀眼的巨大的火球冲向西伯利亚通古斯河岸的原始森林，爆炸声震耳欲聋，火柱拔地而起，形成黑色的蘑菇云，冲击波推倒、烧毁方圆 60 千米的杉树，掀翻 60 千米外的房屋，大火燃烧了数天，这就是世界闻名的通古斯事件。有的科学家认为通古斯事件是彗星撞击地球惹的祸，但至今为止也没有满意的结论。据现代天文学家的结论，彗星撞击地球发生的概率极小，而且今天人类有能力预测并阻止彗星降临地球。

 流星

宇宙空间中彗星留下的尘埃和小行星之间相互碰撞留下来的碎片，一旦进入大气层，与大气中的分子发生碰撞摩擦就会发出明亮的光，这就是在晴朗的夜空中我们看到的流星。

1. 偶发流星。在晴朗的夜晚，我们有时能看到一闪而过的流星，它出现的地点、时间与方向均无规律，这种流星叫偶发流星。

2. 火流星。质量较大的流星体闯入地球大气，与大气剧烈碰撞而燃烧，形成一个明亮的火球，在坠下时有的还会拖着一个尾巴，这种流星叫火流星。

偶发流星

火流星

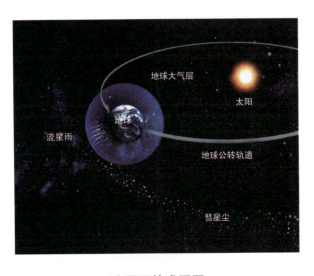

流星雨的成因图

3. 流星雨。有时我们会看到一群流星从天空中的某一点（确切地说是某一区域）喷发而出，少则几十颗，多则上千上万颗，很是壮观，这就是美丽的流星雨。

狮子座流星雨

彗星在其运行过程中，脱落的彗星尘埃散落在其轨道附近，当地球运行到与彗星轨道相交点附近时，彗星尘高速撞入地球大气，与大气摩擦而燃烧、发光，遂成为发散状流星雨。狮子座流星雨是最著名的流星雨之一，常出现在 11 月 14—20 日。它的流星体是坦普尔—塔特尔彗星的尘埃。

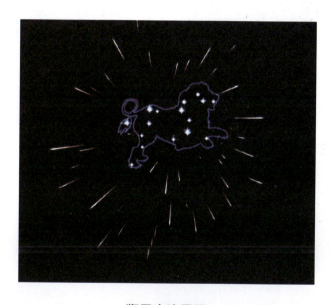

狮子座流星雨

四 陨星

从宇宙空间穿越大气层落到地面的流星体叫陨星（陨石）。

陨星石大致分为三类：铁陨星、石陨星、石铁陨星。

世界最大的铁陨星是非洲纳米比亚的戈巴陨星，重60吨；第二是英格兰的"约角1号"陨星，重33吨；第三是我国新疆的铁陨星，重30吨。

地球上各类陨星中，石陨星最多，其中最大的在中国吉林，1976年3月8日坠落，重1.77吨。

新疆青河铁陨星

吉林一号石陨星

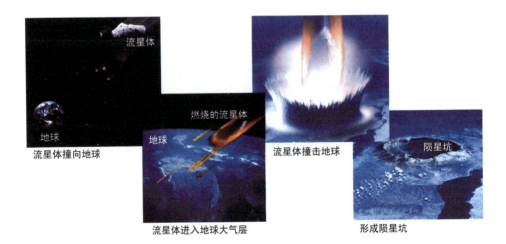

流星与陨星

实验室 4.5.1

流星雨的目视观测

观测流星雨，要坚持一位观测者一份记录表。观测者最好躺在躺椅上，从开始至结尾目不转睛地盯住辐射点30°~45°处，这里能够看到流星的机会最多，也比较亮。记录者手持手表、小手电筒（红布包头）按照填写表格的要求准确记录每颗流星的出现时间、亮度、归属（属于那一群）和其他情况。注意打开手电筒时，不要让光线干扰观测者的眼睛。观测前，应先有十多分钟的时间让眼睛适应黑暗，熟悉流星雨出现的星区，观测天顶附近的星座，确定极限星等。然后按国际流星组织制定的流星报表项目进行观测和记录。

目视观测流星雨记录表

观测日期	年　　月　　日					地点				
观测地	经度					纬度				
观测时间 世界时 UT	辐射点						流星数			
	星座									
开始	结束	不同星等的流星数								
		-4	-3	-2	-1	0	1	2	3	4　　5
流星总数										
观测者										

知识链接 4.5.4

行星、矮行星、小天体

1930 年，美国天文学家汤博发现冥王星，至此包括地球在内的 9 颗行星构成了一个围绕太阳旋转的行星系，这一学说一直沿用到 2006 年 8 月。

2006 年 8 月 14 日，第 26 届国际天文学联合会在捷克首都布拉格开幕，冥王星是否有资格继续成为太阳系行星成为大会最重要的一项议题。8 月 24 日，经过国际天文学联合会来自 75 个国家、约 2 500 名天文学家投票表决最终决定，通过新的行星定义，冥王星被"排除"行星行列，而被编入"矮行星"。由此，除太阳外，一个包括行星、矮行星和太阳系小天体在内的太阳系新"家谱"呈现在了我们面前。

行星

成员：水星、金星、地球、火星、木星、土星、天王星和海王星。

定义：它是一个天体，满足下列条件：（a）围绕太阳运转；（b）有足够大的质量来克服固体应力以达到流体静力平衡的（近于圆球）形状；（c）能够清除其轨道附近其他天体。

矮行星

成员：冥王星、谷神星、齐娜星等。

定义：它是一个天体，满足下列条件：（a）围绕太阳运转；（b）有足够大的质量来克服固体应力以达到流体静力平衡的（近于圆球）形状；（c）不能清除其轨道附近其他天体；（d）不是一颗卫星。

太阳系小天体

成员：无数的小行星、彗星和其他自然形成的卫星。

定义：其他围绕太阳运转的天体，统称为"太阳系小天体"。

实验室 4.5.2

认识天球仪

现代天球仪秉承了古代天球仪的功能，并进行了相应的改进。它由旋转的地球、透明的天球、黄道圈、赤道圈、刻度方位圈、刻度子午圈、天北极、天轴、真地平圈组成。球体中心地球仪通电后发出光并可自转。

天球转动表示星体的视运动，它转动一周就是一昼夜，也叫周日视运动。

通过天球仪我们可以知道天上任一颗星的具体位置；演示地

天球仪

球自转与天球相对运动规律；建立时间与空间的概念。

改变地理纬度和北极处时间表盘，可以认识不同纬度地区、不同时间所见的实际星空。

理论上的天球是一个以观测者为中心，以无限大为半径的球，所有的天体不管它离地球的远近，都投映到这个天球的表面上，因此，天球上的星体的位置只有方向、角度，与距离没有关系。球面上绘有视星等5等以上的恒星约800余颗，常用的亮星标注有星座名。球的轴称为天轴，轴的两端是天极，靠近大熊星座（北极星）的一端为北天极，另一端为南天极。在天轴的中心有一个地球，认星时就设想我们是站在这个地球上看星空的，（而不是在星球外看星空）两个半球的连接处为天赤道（红色圆带），和天赤道相交的另一大圆为黄道（黄色圆），并在黄道上刻有 3 月 30 日、4 月 10 日、5 月 20 日等日期，它是表示一年中太阳在黄道上大约位置。

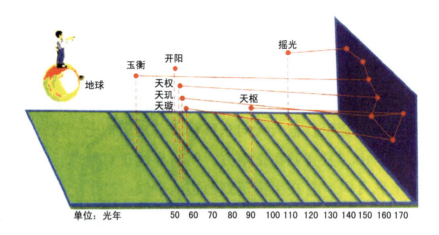

北斗七星与我们距离及投影在天穹上的形状

通过两天极环绕天球仪球体的不锈钢环是子午圈。

在地平圈的南北方向有半个固定的不锈钢圈，靠近北的一半刻有度数，地平处为 0°，天极处为 90°，便于转动子午圈定出你所在的地区纬度。

真地平圈安装在与底座相连的面上，在真地平圈上刻有 0°～360° 的刻度，在 0° 和 180° 处开有小槽，槽里有呢绒滚子，用于卡住球体的子午圈。以北为零度，顺时针方向度量 0°～360°，用以读取天体方位。在半个固定的不锈钢圈的顶上有两条 1/4 圆的活动的高度方位标尺，

直径 0.48 米小型互动天球仪

活动的高度方位标尺上刻有 0°～90° 的高度刻度，使用时下端 0° 与真地平圈相吻合，即可从活动的高度方位标尺刻度上读出该天体的高度，并从真地平圈上读出天体方位，与当时观测的天体实际位置完全一致。

第5章 行星的识别与观测

晴空夜晚，繁星满天。在数以千亿恒星构成的星空中，行星却显得很渺小。掌握识别行星的方法，就不难从茫茫星海中找出我们所需要观测的行星。

第5章 行星的识别与观测

第一节 行星的识别

 行星的运行轨道

行星公转运行轨道面与黄道面的交角很小（木星为7°，金星为3.4°，土星为2.5°，火星为1.9°，木星为1.3°），我们只要把寻觅的目光集中在黄道附近的天区就能很容易地找到它们。

 行星的亮度和颜色

行星靠反射太阳的光而发亮，亮度又随行星与太阳和地球间距离的变化而变化。同一颗行星随着与地球距离的变化，看到的视直径（大、小）也不一样。因此同一行星不同时期的亮度也就会产生明显的变化。通常我们肉眼可见的水星、金星、火星、木星、土星都很亮，即使其最暗时也与北极星的亮度相当。夜空中水星是黄色，金星是白色，火星是红色，木星呈青白色，土星是黄白色。

行星的视直径、星等和呈现的颜色

行星	赤道角直径/″		亮度/星等 m		颜色	行星	赤道角直径/″		亮度/星等 m		颜色
	最大	最小	最亮	最暗			最大	最小	最亮	最暗	
水星	12.9	4 7	−1.6	+2.5	黄色	木星	49.8	30.5	−2.6	−1.4	青白色
金星	64.0	9.9	−4.4	−3.3	白色	土星	20.5	14.7	−0.3	+1.2	黄白色
火星	25.1	3.5	−2.8	+1.6	红色						

三 星光的闪烁

　　恒星距离地球非常遥远，呈点光源，由于大气的抖动，所以出现闪烁现象。行星因离地球很近，呈视面圆，是面光源。面光源由无数个点光源组成，虽然各点光源也受大气的影响产生抖动，但这种抖动不是同时发生，方向也不一致，对视面圆没有什么影响，也就没有明显的闪烁。可以这么说：在夜空中闪烁的星是恒星，不闪烁的星是行星。

第二节　行星的观测

连续观测同一行星的运动轨迹就会发现，有时它向着赤经增加的方向运动，称为顺行；有时它又向着赤经减小的方向运动，称为逆行。顺行的时间长，逆行的时间短。由顺行转为逆行，或由逆行转为顺行的转折点称为"留"。之所以称为"留"是行星在转折点前后移动缓慢，似乎是相对静止的。

行星的视运动是行星和地球共同绕太阳公转而发生的。从地球上看去，地内行星（地球轨道内的行星，包括水星和金星）和地外行星（地球轨道之外的行星，包括火星、土星、木星、天王星、海王星）表现出不同的视运动，因此要分别选择不同的最佳时期进行观测。

二　地内行星的观测——东大距和西大距

地内行星比地球转得快，从地球上看，地内行星绕日运动有四个特殊的位置，即下合、上合、东大距和西大距。当行星和太阳黄经相等时，称为行星的合日，简称合。行星在太阳前面称为下合；行星在太阳后面称为上合。当从地球上看去内地行星同太阳的角距离达到最大时，称为大距。行星在太阳之东称为东大距；行星在太阳之西称为西大距。

合时，行星与太阳同升同落，我们看不到它。而在大距时，行星与太阳的角距最大，受阳光影响最小，是观测地内行星的最佳时期。水星的大角距为 $18° \sim 28°$，金星的大角距为 $45° \sim 48°$。

地内行星连续两次合（上合或下合）的时间间隔称为会合周期，它在一个会合周期内的运动过程和出没状态如下所述：

上合后不久，地内行星开始于日落后出现于西方地平线以上，成为昏星，即黄昏时可见的行星；以后它与太阳的角距逐渐加大，地平高度也逐渐升高，能见到的时间也越来越长；至东大距时，它与太阳的角距和升起的地平高度与可见时间均达到最大值。过了东大距后地内行星与太阳的角距逐渐缩短，它出现的地平高度和可见时间亦随之减小；到下合附近便见不到了。

下合后不久，地内行星向西偏离太阳，于凌晨出现于东方地平线，称为晨星，即黎明时可见的行星；此后地内行星升得越来越早、越来越高，至西大距时达到极值。过了西大距，地内行星与太阳的角距又逐渐减小，最后在接近上合时隐没于日光之中。

地内行星在一个会合周期内所经历的过程和在地球上观测的状况为：

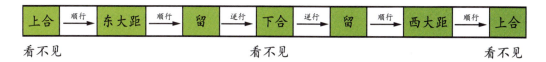

通常选择金星来观察地内行星的视运动，因为它很明亮，常常能在早晨或黄昏时见到。而水星则不然，由于它离太阳很近，从地球上望去它经常淹没在太阳的光辉之中，人们看到它的机会很少。

三 地外行星的观测——冲日

地外行星的视运动也有四个重要的特殊位置，即合、冲、东方照和西方照。地外行星的轨道在地球轨道的外面，所以只有上合，称之为合。行星与太阳黄经相差180°时为冲。当行星与太阳的黄经相差90°时，称为方照：行星在太阳之东为东方照；行星在太阳之西为西方照。

地外行星比地内行星容易观测到，除了在合日附近它与太阳同升同落我们看不见外，一年之中很长时期都能见到。

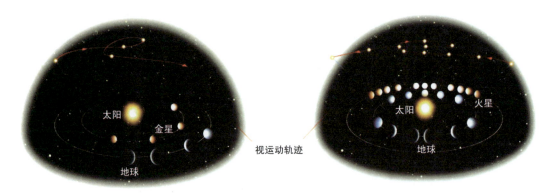

地内行星的视运动（以金星为例）　　　地外行星的视运动（以火星为例）

由于地外行星沿轨道运动的角速度比地球小，所以合后行星偏离太阳向西，日出前东方天空可见；以后行星与太阳角距离日增，经过西方照后直到冲；当地外行星到达冲时，太阳刚刚落山，它就从东方升起，整夜可见；冲后，行星移于太阳之东，且与太阳角距离日减，经过东方照后又到合的位置，完成了一个会合周期。

地外行星在合附近是顺行，冲附近是逆行，在从西方照到冲和冲到东方照时都经过留。

地外行星在一个会合周期中视运动所经历的过程和在地球上观测的状况为：

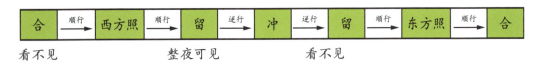

冲是地外行星与地球相距最近的时刻，是观测地外行星最好的时机。由于地球和行星的轨道都是椭圆，每次冲时，行星与地球间距离并不相同。行星与地球距离最小的冲称为大冲。大冲更有利于地外行星观测。

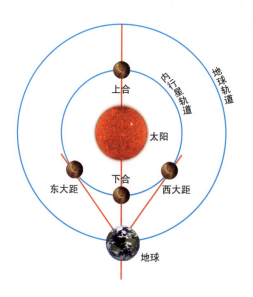

地内行星的东大距、西大距

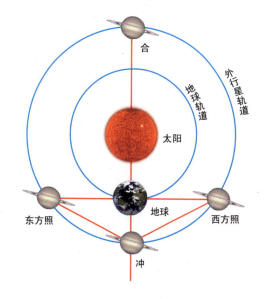

地外行星的东方照、西方照

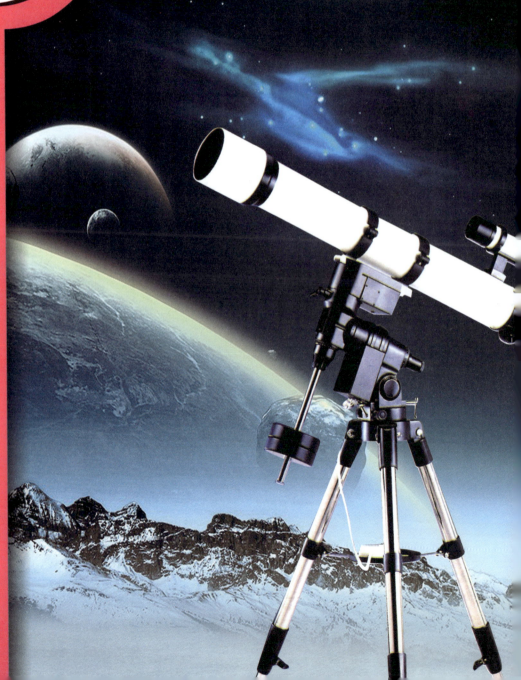

第6章

章 观天巨眼——望远镜

第一节　望远镜的发明

我们每个人都有一对随身携带、不用动手就能自动调节的精密望远镜，那就是我们的眼睛。在望远镜发明之前，我们只能凭肉眼观测天空，而眼睛的局限使我们无法知晓天体的真相。然而你知道世界上第一架望远镜是谁发明的吗？

400 年前荷兰一个小镇的眼镜店，店主李普希外出办事，留在店内的儿子好奇地摆弄着两个镜片，当他把近视镜片和远视镜片叠加在一起观看时，惊奇地发现远处一切景物都近在眼前。他的爸爸李普希就利用这一发现，制作了一架望远镜。1609 年意大利天文学家伽利略制作的望远镜第一次指向天空，从此人类借助天文望远镜揭开了更多的天文现象。

望远镜的主要作用是增加聚光，收集更多的天体光量，放大张角，提高分辨能力，使暗弱的星体变得可见。

伽利略与天文望远镜

第二节　双筒望远镜

　　双筒望远镜由前段的物镜、后端的目镜和中间的调焦系统组成，旋转调焦轮我们就可以清楚地看清星体。它既能夜晚观测星体，也可以在白天观赏地面景物（切忌直接看太阳，否则对眼睛将造成永久性伤害）。镜身上的 8～24×50 表示的是这架望远镜的口径是 50 毫米，放大 8～24 倍可调；78/1000 是告诉你 1 000 米处的物体在这个望远镜里就像用眼睛看 78 米处的物体一样清楚。

双筒望远镜

第三节　天文望远镜

受设备配置的影响，双筒望远镜给我们带来的天体资讯不够丰富，更无法满足仔细观测星体的欲望。而天文望远镜则满足了我们追星的渴望。

天文望远镜总体结构由光学系统、机械装置和控制设备三部分组成。

天文望远镜光学系统是天文望远镜的重要组成部分。目镜、物镜和寻星镜组成的光学系统，承担着收集天体目标的辐射聚焦成像、延展天体表面的细节、提高天体分辨观测能力的重任。

天文望远镜机械装置主要满足望远镜有一定的指向精度和跟踪精度，方便观测，提高观测能力。天文望远镜机械装置主要有两种：赤道装置、地平装置。

天文望远镜的控制设备是由电器控制部分和计算机软件控制部分组成的自动控制系统，一键操作便可完成复杂的定位寻星、跟踪等程序，极大地提高了天文望远镜的寻星精度和跟踪精度。

一　天文望远镜的光学系统

天文望远镜按光学系统区分，可分为折射望远镜、反射望远镜、折反射望远镜。

折射望远镜：物镜是一组透光镜，光线通过镜片的折射进入目镜。

反射望远镜：物镜是不透明的反射镜，光线通过镜筒末端的凹面反射镜（主镜），并在凹面反射镜的焦点前面放置了一个与主镜成45°角的平面反射镜，把光线反射到目镜里。

折反射望远镜是集折射与反射望远镜优点于一体的望远镜，是在球面反射镜的基础上加一块改正透镜（折射镜）构成折反射系统。

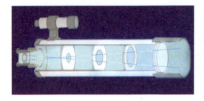  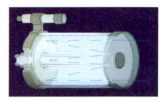

折射望远镜　　　　　　　反射望远镜　　　　　　折反射望远镜

光学系统是光学望远镜的基本组成部分。

主物镜：跟照相机镜头的作用一样，收集天体辐射聚焦成像。

寻星镜：视场比主物镜大，光轴与主物镜平行，易于寻找目标天体。

目镜：放大天体像的视角，将物镜成像放大。

天文望远镜的光学系统能收集天体辐射聚焦成像。对于太阳来说，就是聚集太阳光的能量于一个焦点，这个焦点有很高的热量足以穿透眼角膜导致失明，造成终身伤害，所以**切不可以用肉眼通过望远镜直视太阳**。

（二）天文望远镜的赤道装置和地平装置

赤道装置有两个相互垂直的轴，即赤道轴和赤经轴。赤经轴又叫极轴，其指向天极，与地球自转轴平行，极轴指向高度等于当地的地理纬度。在自动跟踪系统的控制下可轻松地实现全天区跟踪观测。

地平装置有两个相互垂直的主轴：一个是水平轴；一个是垂直轴。它结构简单，但天顶处有一个不能跟踪的1°盲区。

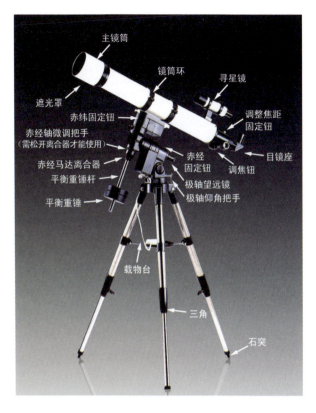

赤道式机架天文望远镜

地平式机架天文望远镜

 天文望远镜的控制设备

电器控制部分和计算机软件控制部分组成天文望远镜的自动控制系统。

知识链接6.1.1

选择天文望远镜的指标

光学性能

1. 有效口径（D）和流量密度增益（G）。有效口径即望远镜的通光直径。望远镜的口径愈大，愈能收集更多的辐射，聚光本领就愈强，愈能观测到更暗弱的天体，因此它反映了望远镜观测天体的能力。口径越大，其接收到的光流量越大，望远镜的流量密度增益也越大。

2. 光力（A）。望远镜的光力也叫相对口径，它等于口径 D 和焦距 F 之比。

$$A = D/F$$

大光力望远镜用于观测有一定视面的天体，如太阳、月亮、行星、彗星、星系和星云等，因此观测到的这类天体的亮度与光力（A^2）成正比。

3. 放大率（G）。目视望远镜是对天体视角的放大。望远镜的放大率也等于物镜焦距与目镜焦距之比。望远镜用过大的放大率，会使观测天体变得很暗，而且由于光的衍射效应像会变得模糊。对于已知有效口径的望远镜来说，其所能适用最大倍率是以望远镜口径毫米的 2.5 倍为宜。例如，望远镜有效口径80毫米，其最大适用倍率为80×2.5＝200倍。

4. 视场。望远镜成像良好区域所对应天空范围的角直径叫做望远镜的视场。望远镜的视场与放大率成反比，放大率越大，视场越小。

5. 贯穿本领。通过望远镜能看到的最暗的星等即为望远镜的贯穿本领，它反映了望远镜观测天体的威力。

6. 分辨本领。望远镜的分辨本领是望远镜能分辨天体细节的能力，这也是望远镜很重要的性能指标。如果望远镜分辨本领低，放大率再大，像也是模糊的。分辨角越小，望远镜的分辨本领越高。

机械性能

1. 指向精度。望远镜寻找目标天体的能力，是望远镜机械精度的直接反映。

2. 跟踪精度。衡量望远镜较长时间跟踪目标天体而不丢失的能力。

口径、倍率与观测

天体	口径/mm	低倍率(30x-70x)	中倍率(70x-140x)	高倍率(140x以上)
月球(Moon) 月球是最易观测的天体,也最适合初学者进行观测,在50倍下进行观测,视场中可见完整的月面	60	视场中可见完整月面	可见环形山及月海	仅在能见度高时才能采用
	80	完整月面可见,且月面细节可辨	环形山及山脉清晰可见	只能看到一半的月球表面
	100	完整月面可见,且月面细节可辨	可观测到小环形山	能看到很多山谷以及山脉细节
	150	完整月面可见,且月面细节可辨	小环形山细节清晰	能看到小丘陵及山谷细节
土星(Saturn) 在大约100倍时可见土星环。若想看清更多细节,需要将倍数提高到200或250倍	60	低倍一般只用于将目标置于视场中心	土星环带、环带阴影以及卡西尼环缝可见	土星的环带隐约可见
	80	低倍一般只用于将目标置于视场中心	土星环带、环带阴影以及卡西尼环缝可见	建议上到150倍
	100	低倍一般只用于将目标置于视场中心	土星环带、环带阴影以及卡西尼环缝可见,且可见2颗卫星	能看到三圈分开的环带
	150	低倍一般只用于将目标置于视场中心	土星环带、环带阴影以及卡西尼环缝可见,且可见3颗卫星	最外的环带清晰可辨
木星(Jupiter) 在80倍时可见少许云带。由于木星是明亮天体,条件好时甚至可以在300倍这样的高倍进行观测	60	适合观看4颗最大的卫星	能看到卫星穿越木星,也能看到两三条云带	高倍仅当大气视宁度很好时方可采用
	80	适合观看4颗最大的卫星	云带结构粗略可见	建议上到150倍
	100	适合观看4颗最大的卫星	云带结构细节可见	建议上到200倍
	150	观测时会感觉过于明亮	云带结构细节可见	能观察到表面细节和云带的变化
金星和水星(Venus & Mercury) 这两颗星适合初学者观测。他们于凌晨出现于东方,在黄昏时出现于西方	60	低倍一般只用于将目标置于视场中心	可以观察到金星的盈亏周期。在远日点时,水星看起来像半个月亮	在视宁度好时,金星易见,但对于观看水星而言,此倍率过高
	80	低倍一般只用于将目标置于视场中心	可以观察到金星的盈亏周期。在远日点时,水星看起来像半个月亮	金星或水星离地平面较高时容易观察
	100	低倍一般只用于将目标置于视场中心	若大气视宁度不佳,应采用中倍率	金星的边缘高亮、白点以及特有色调可见,水星盈亏可见
	150	低倍一般只用于将目标置于视场中心	若大气视宁度不佳,应采用中倍率	金星的边缘高亮、白点以及特有色调可见。水星盈亏可见,且水星条件好时表面特征隐约可见
火星(Mars) 火星的形状随时间而改变。火星的最佳观测时间为每隔26个月与地球最接近且大冲时,那时其表面特征和极冰盖即使在小望远镜中也可见	60	低倍一般只用于将目标置于视场中心	在火星大冲时,大流沙地带(Syrtis Major)及极冰盖可见	当大气条件好时,火星容易看得见
	80	低倍一般只用于将目标置于视场中心	极冰盖及少许明暗对比的表面特征可见	若火星接近地球,可分辨出各种表面特征
	100	低倍一般只用于将目标置于视场中心	极冰盖及少许明暗对比的表面特征可见,若大气视宁度不佳,应采用中倍率	若火星接近地球,可分辨出各种表面特征
	150	低倍一般只用于将目标置于视场中心	极冰盖及少许明暗对比的表面特征可见,若大气视宁度不佳,应采用中倍率	在采用200倍以上倍率时,各种特征比较明显

星云和星团 对于大多数星云和星团而言,50倍以下的分倍率就足够了。对于仙女座大星云猎户座星云而言,20-30倍比较合适。口径越大,星云越亮。

聚星、变星和彗星 初学者用望远镜可以看到很多此类天体。但彗星仅在当其接近太阳时才可见

太阳 切记:万万不可通过望远镜直接观看太阳。否则您的眼睛将瞬时被烧坏导致永久性失明。可以通过太阳滤光膜,或者以折射镜+投影板的方式进行观察

探索与思考6.1.1

1. 第一架望远镜是谁发明的？第一架天文望远镜的制作者是谁？

2. 望远镜的主要功能是什么？

3. 天文望远镜的光学系统包括＿＿＿＿＿＿＿、＿＿＿＿＿＿＿、

＿＿＿＿＿＿＿。

4. 天文望远镜总体结构由＿＿＿＿＿＿＿、＿＿＿＿＿＿＿、

＿＿＿＿＿＿＿三大部分组成。

5. 为什么切忌用肉眼通过望远镜直视太阳？

6. 如果有人问"这架望远镜可以放大多少倍"，你如何回答？

实验室6.1.1

组装天文望远镜

一、试验目的

认识天文望远镜各组成部分，了解其功能，正确组装望远镜。

二、试验准备

小口径天文望远镜。

三、试验程序

在老师的指导下参照图，按照下列顺序组装：

1. 三脚架。

2. 赤道仪。

3. 寻星镜—物镜—目镜。

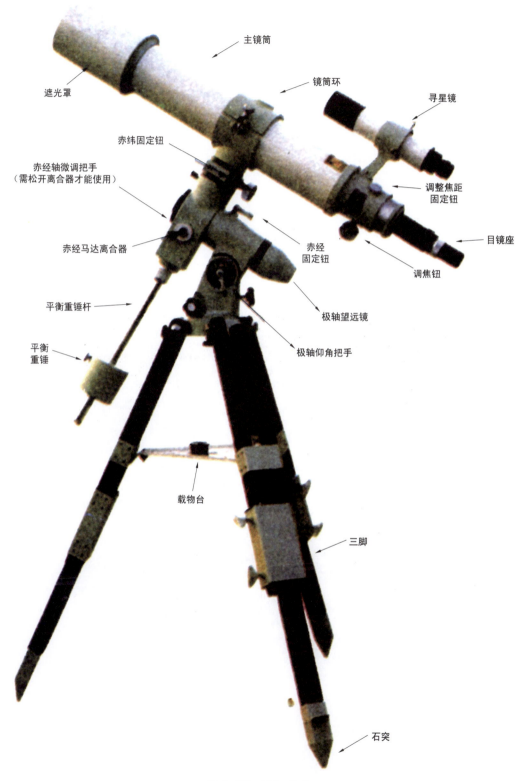

主镜筒

遮光罩

镜筒环

寻星镜

赤纬固定钮

赤经轴微调把手
（需松开离合器才能使用）

调整焦距
固定钮

赤经马达离合器

赤经
固定钮

目镜座

调焦钮

平衡重锤杆

极轴望远镜

平衡
重锤

极轴仰角把手

载物台

三脚

石突

天文望远镜组装图

观测星空的装备

观测星空的基本装备

观星之前，先要用点时间做些准备，备齐所需的器材，如照相机、双筒望远镜、天文望远镜、指南针、手表以及手电筒，还应备一套星图。一个笔记本也是很必要的，以便记录在什么时间观察到了什么天体以及观测的情况等。最后还要考虑到可能需要的衣服，因为即使在夏季的夜晚，观星时仍然可能遇到寒冷的袭击。通常晴朗的夜晚仍然是非常冷的，因此来一瓶热饮和备一份小吃也许是个好主意。夏季观星可别忘了带上防蚊虫叮咬的药物哦。

夜间视力

当你去观星时，不要指望能立即看清布满繁星的天空。必须让你的眼睛适应黑暗的环境。在这个过程中你眼睛的瞳孔在扩大，从而让更多的光进入眼睛。同时你的视网膜——位于眼球的后部的"光感屏"

也变得对光更灵敏。这个过程大约需要20分钟。还要习惯用红光手电筒看星图，因为红光对夜视力的影响要比白光小。

双筒镜的视野

双筒望远镜可汇聚到比眼睛多得多的光。我们借助它能看到数量更多的恒星和其他天体，如星云，因为它们的光太弱以至于我们的眼睛不能确切地分辨。用肉眼观察，银河系像条悬在天空中模糊而发白的带子。而通过双筒镜，银河系就变成了一片恒星与亮星云密集的海洋。对于一般性观测最实用的双筒镜的规格是7×50（即物镜直径50毫米，放大倍率为7倍）。

天文望远镜

天文望远镜因其口径、焦距优于双筒镜，借助它可以清楚地看清目标天体的细节，获得更多的目标天体信息，拍摄清晰的目标天体照片。

观测时间

1. 观测时要求天气晴朗，风小，天黑后两小时，这样空气透明度相对高一些，空气扰动相对小一些。

2. 避开月光的干扰，特别是满月前后两天，此时明亮的月光对天体观测有一定的影响。

观测地点

1. 避光建筑物和灯光。

2. 视野开阔地势较高的地方。

3. 周围无危及安全的隐患。

安全

安全是星空观测的首要保证。既要保证财产安全，更要保证人身安全。无安全保障时，宁可放弃千载难逢的观测机会，也不可以强行开展观测活动。

参 考 文 献

[1] ［英］罗宾·克罗德，贾尔斯·斯帕洛. 宇宙 ［M］. 北京：科学出版社，2008.

[2] 日本株式会社学习研究社. 宇宙 ［M］. 郑州：河南科学技术出版社，2004.

[3] 刘主富. 基础天文学 ［M］. 北京：高等教育出版社，2004.

[4] 刘学富，李志安. 我爱天文观测 ［M］. 北京：地震出版社，1999.

[5] 崔石竹. 天文馆里的奥秘 ［M］. 北京：农村读物出版社，2005.

[6] 景海荣，詹想. 相约星空下 ［M］. 北京：科学技术出版社，2011.

[7] 丁章聚. 天文知识大观 ［M］. 北京：时事出版社，2009.

[8] ［加拿大］艾伦·戴尔. 太空探秘 ［M］. 姜超，译. 北京：中央翻译出版社，2008.

[9] 北京天文馆 http：//www. bjp. org. cn

[10] 星空天文网 http：//www. cosmoscape. com

[11] 网上 KAGAYA 星空壁纸

注：本书还选用了《天文爱好者》中的一些图片和资料，更多文献及图片未及一一说明出处，在此一并表示诚挚的谢意，并向给予大力支持、指导与帮助的专家表示衷心的感谢。